阅美
文化

悦 读 阅 美 · 生 活 更 美

U0216380

女性生活时尚阅读品牌

☐ 宁静　☐ 丰富　☐ 独立　☐ 光彩照人　☐ 慢养育

与茶说

半枝半影 著

漓江出版社

图书在版编目(CIP)数据

与茶说／半枝半影著. ––桂林：漓江出版社，2019.3
（阅美悦读）
ISBN 978-7-5407-8482-9

Ⅰ.①与... Ⅱ.①半... Ⅲ.①茶文化—中国—通俗读物 Ⅳ.①TS971.21-49

中国版本图书馆 CIP 数据核字（2018）第167265号

与茶说
YU CHA SHUO

作　　者：半枝半影

出 版 人：刘迪才
出 品 人：符红霞
策划编辑：符红霞
责任编辑：王成成
插　　画：qinkywoo
装帧设计：老　四
责任校对：赵卫平
责任监印：周　萍

出版发行：漓江出版社有限公司
社　　址：广西桂林市南环路22号
邮　　编：541002
发行电话：0773-2583322　　010-85893190
传　　真：0773-2582200　　010-85893190-814
邮购热线：0773-2583322
电子信箱：ljcbs@163.com
网　　址：http://www.Lijiangbook.com
印　　制：三河市西华印务有限公司
开　　本：889×1230　　1/32
印　　张：8
字　　数：143千字
版　　次：2019年3月第1版
印　　次：2019年3月第1次印刷
书　　号：ISBN 978-7-5407-8482-9
定　　价：42.00元

目录 Contents

前言：有你的日子

书桌后的一面墙，半墙是书，半墙是茶，都是使人安心之物。而我总觉得，人生于世，最重要的是安放好自己的一颗心。

不管怎样的光景，忙到焦头烂额还是闲得百无聊赖，总要等坐下来，慢慢地烧一壶水，好好地选一款茶。然后按部就班，烫壶，涤器，洗茶，沏茶，都是习惯性得几乎不过脑子的动作；而后，第一缕氤氲的香气拂面，或是清澈，或是浓烈，或是馥郁，或是甜美；再然后，第一口茶汤滑过唇齿间，或柔或冽，或稠或爽，或是兼而有之。要到这个时候，才觉得整个人踏实下来，放松下来，仿佛"魂儿"回来了。

"回魂"是个有趣的形容，像是有一两片灵魂的碎片，被茶香茶气牵引着，找回自己的位置，安分下来。

每到这时，我就忍不住想，这情形是怎样开始的呢？茶是如何进入了我们的生活，又是如何与我们的灵魂牵挂上的呢？

就个人而言，我很清楚自己的这个过程，开始于小时候在外公外婆身边的日子。

那时我很小，记忆中最早的画面，我趴在一只竹床上，看门上挂着的细细竹帘，竹帘外哗哗地下着雨。

直到今天，过去了几十年，我依然记得那雨的声音，竹帘的样子，记得渐渐弥漫进屋子里的水汽，也记得竹床的微凉；还记得自己小小的心里，觉得的那种单纯的安静和快乐，知道自己被照顾得很好，知道有人疼爱自己，知道身边的世界，友好、安全，而美丽。

约莫在那个时候，我与茶有了人生中的初相遇。

外公外婆的生活简单安闲，每天早起，什么都不做，先泡一壶茶。两位老人对坐，喝过一泡茶，再开始一天的生活：外婆去买菜，外公去侍弄花草。有时我跟着外婆，牵着她的手，慢慢走在石板路上，外婆总是说，那么小的孩子，就对买什么菜、该怎么做意见多多。有时我跟着外公，帮他递剪子、拍子、水壶、药壶，外公似乎从不担心小孩子接触这些东西是否危险，而我也一直表现得很好，没出过任何岔子，连水都没洒过一回。

据说最开始，外公外婆喝茶的时候，会给我一只小茶杯，装的是淡盐水或蜂蜜水。但刚刚懂得表达意见的时候，我就提出抗议：为什么我杯子里的水和他们杯子里的颜色不一样。

于是外婆分给我一点点茶，让我杯子里的水有一点颜色，免得我继续吵闹。

接着我又不满，为什么他们的杯子里有叶子，我杯子里没有，于是我又争取到了往杯子里搁一片茶叶的权利。

再后来我继续抗议，因为已经懂得分辨水的颜色深浅，也懂得闻刚沏好的绿茶，那茸茸的青草香。

外公外婆喝的茶，是最普通的炒青，老家产茶，胜在新鲜天然。也不讲究手法温度，就那么粗枝大叶地泡在一只老瓷壶里，想喝的时候倒出来尝一尝：如果淡了，就多抓一把茶叶放进去；如果浓了，就兑上水。外公把需要兑水的浓茶，叫作"茶引子"，天冷的时候兑滚水，天热的时候兑冷水，凡此种种，都会让如今品茶的诸君大皱眉头。

但每天的第一泡总是不一样的。整壶茶都在最新鲜最精神头儿十足的状态里，茶香惹人，茶汤透亮，如果是新鲜茶，就是一种透明的嫩绿，仿佛含着隐隐的金色；如果是老茶，就是一种温暖的淡金色，仍透着那么一点绿意；而每一片茶叶，不论是大是小，完整还是残破，带着梗还是不带梗，都那么精气神儿十足，在水里一副跃跃欲试的姿态。

说不清从什么时候开始，我争取到了和外公外婆一起品这第一泡茶的权利。——后来外婆总说我的伶牙俐齿是小时候讨茶练出来的。往来亲朋看到那么小的孩子，一本正经地坐在那里喝茶，都啧啧称奇。

当年人们养孩子似乎比今天随意，等我娘发现我早起不肯喝水，非要喝茶的时候，虽然隐约觉得这样似乎不太好，也曾试图纠正，但很快就被我的执着打败。

就这样，从我还是一个小孩子开始，茶就是每天必不可少之物，即使长大一点，离开外公外婆家，我仍然每天早上要求喝茶——豆浆、牛奶、果汁、粥，什么都不行，必须是茶——喝到茶之后，才肯接纳其他的食物和饮料。

到上学，从第一天做作业开始，我就会泡一杯茶，边喝边做作业。寒暑假参加兴趣小组，要从家里带水，我也总是带一壶茶，常常让老师们引以为奇。

就这样，茶之于我，就像是一个看着我长大的老朋友，或是从小一起玩耍的伙伴，我从来没有因为喝了茶而睡不着觉。以至于之后需要熬夜的紧要关头，不得不求助于咖啡。

所以我是茶党，也是咖啡党，只不过与茶相关的记忆，是闲聊，是陪伴，是零食、课外书、兴趣小组……以及一切此类的悠闲好时光。而与咖啡相关的，总是点灯熬油地赶作业、赶稿、赶方案……而无论之后喝过多少种茶，"移情别恋"了多少回，一说起"茶"，我最先想到的，总还是第一泡绿茶那生机勃勃的芬芳。

十年前，外公走了，外婆的年纪也很大了，每天早起，她还是会颤颤巍巍地先泡一壶茶。有时一整天也喝不了一泡，但无论寒暑春秋，那壶茶总在那里。不管何时回到那个小院，总有一壶茶在等着。只是泡淡了需要加叶子的时候少了，总是泡成了外公说的"茶引子"，冬天兑滚水、夏天兑冷水，每到这个时候，我的心就会变得无比柔软，仿佛能看见小小的自己，坐在外公外婆中间，吵着要往水里兑点茶，要加多一片茶叶，要兑得更浓一些、更香一些。

　　就在外公去世后的第十年，同一天，外婆也走了。大家都说这是难得的福分，仿佛两个老人约好了似的。而他们把茶留给了我，同时留下的，还有那份品茶时安闲随意、自得其乐的心情，以及与之相应的，随遇而安、清明自在的人生态度。

　　所以我总是在想，像这样的情形，是不是也在往日时光中一次次地出现：上一辈喝茶的人，把茶香茶气带进下一代人的生活中，就这样千百年来，一代又一代，使我们成为一个"喝茶的民族"；使我们每一个人的基因中，都或多或少地带上了茶的味道和气质；使我们每个人的生活，或早或迟，都会与茶有那么一些关系。

　　这确实是一个美好而有趣味的故事，一种植物和一群人的故事：人如何驯化了植物，使之不断地改变、丰富、演化；与此同时，植物也在不知不觉间悄悄地改变着人们，丰富着他们的生活方式，他们的心灵与气质，以及他们的文学、艺术、社交、风俗、礼制……直至成为他们的历史和文化传承中微小却不可或缺的组成部分。

这是中国人和茶的故事。和世界上所有生生不息、绵延长久的故事一样，其中有爱恨嗔痴，有悲欢离合；有美好，也有遗憾；有温馨，也有酸楚……有值得传颂纪念的人物，也有让人感动、欢笑或是落泪的时刻……又因为这是一个属于中国人的故事，所以注定了还会有动人的诗句、雅致的艺术、美丽的器物、深邃的哲思，以及对自然和时节的敏感、尊重与珍视。

所谓"文化"和"传统"，从某种意义上说，不就是一种将美好的事物在时光中缓缓沉淀积累、将动人的故事在历史长河中慢慢铺展开来的过程吗？

而这个故事，中国人和茶的故事，尽管已经讲了很久，却还没有结束，远远没有结束。

无论何时，无论在世界的哪个角落，只要有一个人——也许就是你或者我，握住手边那一杯茶，不管是顶级的佳茗还是便宜的高碎，是率性的大茶缸还是精致的小茶盏，是复古的小泥炉橄榄碳还是剑走偏锋的冷泡，甚至哪怕是加糖、加奶、加丁香和肉桂……这个故事，就轻轻地延伸出了一个小小的章节，就像一首传唱了千载的诗歌，再一次响起轻快的一句，袅袅不绝。

这实在是一个美妙而有趣的故事，不是吗？所以，我也想来讲一讲这个故事，讲一讲故事里那些有意思的人，那些打动人的片段，以及那些值得"浪费"时光和生命的美好之物。

　　讲着关于茶的故事，怎能没有茶相伴？还请稍等，我这就去沏一壶茶。如果你恰好方便，何妨也为自己准备一盏好茶。

　　正如我非常喜欢的，南宋大学者张栻关于茶的两句诗——

　　更碾春风白雪，同看明月清江。

　　"春风白雪"，是形容宋时人们常喝的团茶，这种茶已经隐退到了历史深处，但不管我们现在喝的是什么茶，沏一盏春风白雪，看着明月清江，将故事娓娓道来的心情，却是一样的。

半枝半影

二〇一七年五月于北京

第一章：你的名字

　　我们来讲一讲茶的"名字"，包括大名、小字、雅号和别称等，以及与之相关的历史、人物和典故。

　　因为我们中国人，讲一样东西的时候总要先从"正名"开始，所谓"名至实归"，先把"名"搞清楚了，"实"就会跟着缓缓归矣。当然也有"事急从权"的时候，但是关于茶，如此悠闲享受之物，我们不急。

一、减却"荼"字读作"茶"

古早的时候,"茶"并不叫作茶。

这个"古早"到底有多早呢?

有一种说法是尝百草的神农氏最先发现了茶的妙处,成为世上第一个喝茶的人。(这个说法其实等于啥都没说,开天辟地后几位大神各有分工,除了粮食之外,凡是和植物相关的发明创造一律都归到了神农氏的名下,茶也就随了大流。)

还有一种说法是从商代开始,蜀地就开始种茶了,所以最早作为茶的名字备选方案的那几个字,在历代文献中都标明是"古蜀方言"。(于是我对四川又多了一份敬意,这片土地不仅贡献了川菜,还贡献了茶,实在是我们吃货王国的一块宝地。)

那几个字是:"荼(tú)"、"槚(jiǎ)"、"茗"、"蔎(shè)"和"荈(chuǎn)"。

还没有"茶"。

老实说，我看不出和这几个字相比，后来胜出的"茶"字有什么特别的竞争力。搞不好只是人们图方便，把"荼"字少写了一笔也说不定。

这个想法并不是我异想天开，清代大学问家顾炎武在《唐韵正》里写道："荼荈之荼与苦菜之荼，本是一字。古时未分麻韵，只读作徒……梁以下始有今音，又妄减一画为'茶'字。"

顾大学者言之凿凿——一开始并没有"茶"这个字，只有"荼"字。

然后，在只有"荼"的年代，它也不一定是指"茶"这种植物，而是一切带苦味的植物的总称，所以既可以指"荼荈"，也可以指"苦菜"。诗经中有"谁谓荼苦，其甘如荠"的句子，将"荼"与"荠"对照，可见"荼"指的就是一种菜。

最后，要到南朝梁以后，"荼"才有了今天的读音，当时人们随随便便不负责任地少写了一笔，就成了"茶"。

到这里我忍不住要说一句了，也未必就是随心所欲地"妄减一画"。很有可能是当时"茶"已经风行，不好再把它继续和苦菜混为一谈，很有必要好好给它一个专属的名字，于是大家有志一同地把"荼"字减去一笔，"茶"这个名字就正式出现了。

但是为什么其他几个和"茶"同时出现的字未能获此殊荣，这就已经不可考了。

也许是写起来麻烦，也许是读起来古怪，也许就是单纯的运气不好。至少到茶神陆羽的时代——也就是唐代中期，他那本《茶经》的开篇，还一视同仁地表示：茶者，南方之嘉木也……其名一曰茶，二曰槚，三曰蔎，四曰茗，五曰荈。

即便如此，陆羽这本"史上第一"的专著，还是以茶为名，而其他几个字，不得不退而成为"茶"的古老别称。

其中"茗"字的运气最好，至今人们仍然认得它，知道它与茶有关系，甚至还比较频繁地使用它，仿佛它是茶的一个更加文雅的别名。

但事实上，西晋大学者郭璞为中国最早的词典《尔雅》作注时，曾说"早采者谓之槚，晚取者谓之茗"；而来历不明的《魏王花木志》一书中，则说"其叶老者谓之荈，嫩叶谓之茗"。可见，"茗"和文雅不文雅还真没什么关系。

二、"涤烦子"和"不夜侯"

茶确实有很多更文雅的名字。在这方面，我们的祖先表现出令人惊叹的想象力、创造力以及文字美感，在与茶相伴的漫长岁月中，给它起了许多美妙而有趣的外号。

有些是从茶的特性而来的，比如唐代诗人施肩吾，把茶叫作

"涤烦子"，他写过这么一句诗：茶为涤烦子，酒为忘忧君。

施肩吾是典型的中国古代"传说中的文人"。他年幼家贫，一边劳作一边读书，最后考中状元，据说还是杭州历史上的第一位状元。而唐代余杭地区，已经是出产众多好茶的"茶乡"。可以想象，出生在那里的诗人，必定是一个爱茶的人。

中举后，施肩吾的生活轨迹出人意料，他先是表示自己的人生理想并不是当官，而是成为一个有修为有道行的隐士，于是回到家乡，潇潇洒洒地修行了很多年，想必也喝了很多茶。

但到他晚年时，私盐贩子裘甫在江浙一带起义割据，诗人不得不离开修仙悟道的"桃花源"，带着族人辗转逃难。他们一直逃到台湾澎湖列岛，在那里定居下来，开荒种地、耕织生息，一直繁衍到今天。

遗憾的是，到了澎湖列岛的第二年，诗人就去世了。而在历史上，关于他的记载从此就不只是诗人、隐士、学者，杭州的第一个状元，还成为"开发澎湖列岛第一人"——这是怎样跌宕起伏的命运啊。

台湾是一个适合茶叶生长的地方，台湾茶也很有名。但当年施肩吾和他的族人到达的时候，那里还是一片等待开发的原始土地，找不到任何当时关于"台湾茶"的记载。

人们普遍认为，今天的台湾茶，是明清时期由福建一带传入的，在此之前，台湾只有一些未经驯化的野生茶树。

但我总忍不住要想，远在唐代末年，年迈的诗人举家南下的时候，他们没有带上一两株茶树吗？没有试着在最终的定居地种过茶吗？他们种植成功了没有？在诗人最后的岁月里，他还有没有茶来"涤烦"解忧呢？他是不是一次又一次地回想起家乡的茶山和茶园呢？那又该是怎样苦乐参半的回忆呢？

茶与诗人的缘分，从古至今，总有那么点缠绵悱恻的味道。事实上，茶的别名，有一多半是诗人们给取的。

比如，风流倜傥的"小杜"杜牧，把茶叫作"瑞草魁"，他在《题茶山》一诗中写道："山实东吴秀，茶称瑞草魁。"夸它是所有草木中最美好的。

这是小杜一贯的表达方式，喜欢上一个姑娘，就说人家"春风十里扬州路，卷上珠帘总不如"。半生流连江南温柔乡中，不知他曾把多少美人目为"花魁"，但我们知道，他心目中的"草魁"是茶。

严格来说，茶是木本植物，有乔木、半乔木、灌木三种类型，反正无论如何不是"草"，但是诗人嘛，我们应当原谅他在植物学上小小的无知，感谢他给了茶"瑞草魁"这个略显夸张的名字。

相比之下，不那么有名的唐末五代间诗人、人称"逍遥先生"的郑遨，把茶称为"草中英"，就含蓄温柔多了。——虽然同样有植物学上的错误。

据说这位郑邀，写过一千二百首关于酒的诗，是个不折不扣的酒徒，但这些诗几乎都散失了，反而是一首关于茶的可爱小诗，一直流传到今天：

嫩芽香且灵，吾谓草中英。

夜臼和烟捣，寒炉对雪烹。

惟忧碧粉散，常见绿花生。

最是堪珍重，能令睡思清。

平心而论，这首诗写得并没有什么让人惊艳的地方，但我却很喜欢，其中有一种温暖平静，让爱茶的人读来会心一笑。

相比之下，五代后晋的文人胡峤就要霸气多了。他曾写道："沾牙旧姓余甘氏，破睡当封不夜侯。"

直接给茶封了个"不夜侯"，真是好大气魄。

不过我还是得说，这两句诗，比郑邀的水平似乎又差了那么一点点。把茶封为"不夜侯"，用的其实是晋代才子张华的典故，张华在《博物志》里写道："饮真茶令人少睡，故茶别称不夜侯。"

但历史上胡峤本就不是以诗著名的人，他的事迹，除了写过几卷记载契丹地理风貌的《陷虏记》之外，更为人所知的是，据说他最早把西瓜引进了中原。（所以我们在夏日里开心地啃西瓜的时候，还要感谢这位诗写得一般的文人啊。）

胡峤的诗中还有一个有趣的小地方，他说茶"旧姓余甘氏"，这是给茶安了个姓，"余甘"。——这个姓非常妙，"余甘"确实是茶的特性，也是茶的迷人之处。

但恐怕这实际上是一个美丽的小误会，姓"甘"或者"余甘"的并不是茶。

这就牵扯到另一个诗人和茶的故事。

晚唐大诗人皮日休的儿子皮光业（当然他也是一位诗人），非常喜欢喝茶。有一回，朋友设宴请他尝新采摘的柑橘，宴会搞得十分丰盛隆重，来了许多名流才子。而皮小诗人来了之后，不管不顾地嚷着要茶，先痛快地喝了一大缸，然后提笔题诗：

未见甘心氏，先迎苦口师。

在场的众人都笑了起来，打趣他说："你的这位'苦口师'固然清高，可是不能填饱肚子啊。"

所以这里与茶相对应的"甘氏"，并不是茶，而是柑橘。皮小诗人把茶叫作"苦口师"。

但我们也不能说胡峤完全弄错了，后来"余甘氏"也成了茶的别名。宋代学者李郛还一本正经地解释："世称橄榄为余甘子，亦称茶为余甘子，因易一字，改称茶为余甘氏，免含混故也。"看，这又扯上了橄榄。

而皮小诗人关于"余甘氏""苦口师"的故事中让我觉得颇有

兴味的,是他和他的朋友们对茶的态度。仿佛真的把茶当作了一个朋友,一个有品格有性情,还可以拿来调侃的朋友。

三、有个朋友叫"叶嘉"

给茶冠上姓氏和名字,以拟人手法将茶作为朋友的态度,在苏东坡那儿到了登峰造极的地步。

苏大胡子有一篇奇文《叶嘉传》,乍一看,还真以为他是在给一个名为"叶嘉"的朋友作传。

一开始,他就煞有介事地说:我的朋友叶嘉,祖上在河北广灵县,曾祖父叫叶茂先,生性高冷,不愿出仕,成天游山玩水,到了福建武夷,喜欢得不得了,就把家安在了这里。还说:我现在耕耘种植的功德,不为世人所采用,但清气芬芳必将流传后世,我的子孙必将在中原发展繁盛,世世代代品味清芬。

然后写叶嘉自幼有"奇志",有人劝他习武,他说自己不拘泥于"一枪一旗";又写他云游四方,结识了一位姓陆的先生,陆先生把他写进文章,天下闻名;又写天子读到陆先生的文章,大加赞赏,将叶嘉召进朝廷,委以重任。

接着是一系列君臣斗智斗勇的八卦故事,主要突出叶嘉的清正刚直、高尚自爱。天子和群臣开始都觉得他太难相处,后来却渐渐发现了他的种种好处，对他各种赞美。

其中天子的一段称赞最是肉麻，如果不是知道文章另有所指，简直暧昧得没眼看——

上鼓舌欣然，曰："始吾见嘉，未甚好也；久味其言，令人爱之，朕之精魂，不觉洒然而醒。书曰'启乃心、沃朕心'，嘉之谓也。"于是封嘉为钜合侯，位尚书。曰："尚书，朕喉舌之任也。"由是宠爱日加。

翻译一下：天子高兴地咂了咂舌头，说："我刚见到叶嘉，没觉得他有什么好处；时间久了，细细品味，真是个让人喜爱的家伙啊。我的精气魂儿都被他给唤醒了。《尚书·说命》有言：'打开你的心扉，浇灌我的心田。'说的就是叶嘉吧。"于是封叶嘉为"钜合侯"，官至尚书。天子还说："所谓尚书，就是我的喉舌啊。"于是更加宠爱叶嘉。

看到这里，再单纯的读者也会觉得哪儿不对劲儿了吧。

虽然种种迹象表明文中的"天子"指的是汉朝天子，而汉朝天子们的取向也确实都有那么点不清不楚，但把如此正直高洁的天下奇才与天子的际遇写得这样"基情四射"，就算是不按常理出牌的苏大胡子，也未免有些太胡闹了吧？

好吧，提前揭盅，苏东坡这篇《叶嘉传》，写的不是一个名叫"叶嘉"的人，而是一种名为"茶"的植物和饮品。

他给茶取了一个名字叫作"叶嘉"，一本正经地写他的家世、他的品格、他的经历、他的逸闻趣事和他的丰功伟绩。

所以天子那些暧昧缠绵的"唇齿喉舌""精魂肺腑"的比喻，都是由茶而生的。而爱茶人与茶的关系，确实是形容得再活色生香也不为过。

接下来天子一度疏远叶嘉，其间神思困顿、昏头昏脑，到重见叶嘉时，高兴得"以手抚嘉"，说："吾渴见卿久矣。"一切就显得那么合情合理，活脱脱一个轻度茶瘾者求茶若渴的写照。

再往后，苏东坡还写了叶嘉献策泽被天下，一是茶叶经营国有化，二是与少数民族互市，进行茶叶贸易；写了叶氏后人遍及天下，"皆不喜城邑，惟乐山居"，但唯有福建是正宗叶氏苗裔，所以"风味德馨"冠于天下；又写叶氏后人多隐居，世人往往于春秋两季入山与之相聚；以及天子下令每年擢选叶氏族人中最优秀的，"每岁贡焉"。

关于茶的历史和现实，与苏东坡天才的想象和绝妙的拟人手法结合在一起，似幻似真，游戏笔墨中却又寄托着某种情怀和抱负，人生理想和闲情逸致交织，正直笔墨与滑稽风味并存。——这很"苏东坡"，这也很"茶"。

这大概就是为什么，最终是茶与中国人结下了不解之缘吧。无论是茶的种植、采摘、制作、品饮，还是人们赋予茶的内涵和精神，其中有一种类似"风骨"与"清气"的东西存在，与中国人的人生理想和审美趣味最相契合；不是高洁纯粹到不带一丝人间烟火，而是既有"兼济天下"的抱负，又可以开些带颜色的小玩笑。

就像苏东坡笔下的"叶嘉"。

我非常喜欢"叶嘉"这个名字。讲道理，让茶姓"叶"总比姓"甘"更有说服力，而"嘉"这个名儿，则让人想起"茶神"陆羽给茶的定性——"南方嘉木"。

更妙的是，这个名字还颇具"欺骗性"，真的很像身边一个朋友的名字。用它来谈茶，真的像把一个好朋友的故事娓娓道来，也就更具趣味。

四、"森伯""隽永"和茶汤

还有一个茶的别名我也很喜欢，是宋代初年的文人汤悦送给它的——"森伯"。

这个名字和"叶嘉"一样，乍一看和茶没什么关系，很像是人名，没准还是个国际友人，德国德累斯顿就有一座著名的"森伯歌剧院（Semper Oper）"。（"semper"这个词在德语中的意思是"永远的"，如果真用作茶的名字，也很美啊。）

但仔细一琢磨，"森伯"又真的是很合适的"茶"的名字。汤悦写过一篇《森伯颂》，开篇曰："森伯，盖茶也。方饮而森然严乎齿牙，既久四肢森然。"

"伯"在这里应该是男子的美称，《诗经》中有"伯也执殳，为王前驱"的句子。但也有可能是继被封为"不夜侯"之后，汤悦又给茶加了爵，封为"森伯"。

因为汤悦的作品流传至今的寥寥无几，这篇《森伯颂》我也不曾看到过全文，不知在文中他又写了哪些关于茶的事迹，赋予"森伯"何等的面目性情，真是遗憾。

此外，值得一提的是作者本人的名字"汤悦"，来历也很不寻常。

汤悦并不姓汤，他本姓殷，其父就是大名鼎鼎的殷文圭，唐末著名才子，和裴枢、朱全忠、田頵（jūn）、杨行密这些唐末的割据枭雄都有瓜葛，是个很有争议的历史人物。

汤悦本名殷崇义，在南唐官至右仆射。后入宋，改姓商，改姓的原因据说是为了规避宋宣祖（宋太祖赵匡胤的父亲）赵弘殷的名讳；后又因名中有"义"字，犯宋太宗讳，于是将姓名改为汤悦。

这个理由有点扯，难道宋代就不许人姓殷了？我估计更主要的是他们父子两代的出仕经历实在复杂，有些甚至难以言说。国破身降，改朝换代之际，索性就换了一个姓，顺便改了一个名。

想必每个人都有过一个阶段，觉得父母给自己的名字不够精彩，无以展示自我的风采。于是成年后若有机会再给自己取个名字时，就很容易放飞，古人那些千奇百怪的雅号别称，以及现今人们那些更千奇百怪的 ID 就是这么来的。但殷同学改了一个平淡无奇的"汤悦"。

由"殷"而"汤"并不奇怪，殷商、商汤本是一家；悦字也好理解，估计是"崇义悦礼"什么的。但我也放飞一下思绪："汤悦"这个名字里，会不会还有一个爱茶人的小心思呢？"汤悦"倒过来是"悦汤"，写过《森伯颂》的殷崇义，"悦"的应该是那一盏"茶汤"。

以茶汤来代指茶很是普遍，而茶汤本身，也有许多有趣的别名，又被机智的文人才子们顺手借过来，成为茶的雅号。

最有名的一个是"隽永"，这个词大家都认识，也都知道是什么意思。但我们今天熟知的意思其实已经是引申义了，它最初指的是煮茶时第一道的茶汤，类似于我们今天泡茶前"洗茶"的那一泡茶。

如今这一道"隽永"，多半用来冲洗茶具（遇到特别娇嫩和名贵的茶，我也会留下来尝一尝）。在唐代，煮茶时也会留下这道"隽永"，盛在一个小钵里。之后继续煮茶，如果想让茶汤沸腾得不那么厉害，就往里面加一点"隽永"；或者煮到后来茶味淡了，就用来增加风味。

这么一道"隽永"想必颇受欢迎，所以被用来形容一切美味，尤其是有回味的食物，比如橄榄、薄荷、陈皮、黑巧克力（哦，这在当时还没有……）。再往后，就用以形容那些美好、别致而让人回味无穷的文学作品和艺术表演，也就是今天人们熟知的"隽永"这个词的意义。

茶如何丰富着我们的语言、文字和词汇，这也是一个小小例证。

回头说茶汤，唐时（包括唐以前）煮茶，宋代点茶，和我们今天的饮茶习惯相去甚远，所以当时的"茶汤"和我们今天看到的透明清澈的"茶汤"并不一样。由此带来一点形容上的小偏差，比如当时的人们，喜欢用"乳"来形容茶汤。

因为唐宋时品茶的习惯，类似于今天日本的茶道，将茶叶或茶饼研成粉末，或烹煮，或用沸水激荡冲刷，使得茶汤浓厚如乳汁，表面还形成丰富充盈的泡沫，摇荡变化。唐代诗人刘禹锡在《西山兰若试茶歌》里曾写道："欲知花乳清冷味，须是眠云跂石人。"

他把茶汤叫作"花乳"，就是取茶汤如乳、泡沫如花，同时香气四溢的意象，而且这个词一看就给人"很好吃"的感觉，不是吗？

南宋诗人陆游那首著名的《临安春雨初霁》也写到了茶汤——

世味年来薄似纱，谁令骑马客京华。

小楼一夜听春雨，深巷明朝卖杏花。

矮纸斜行闲作草，晴窗细乳戏分茶。

素衣莫起风尘叹，犹及清明可到家。

诗中最有名的是"小楼一夜听春雨，深巷明朝卖杏花"一联，但"矮纸斜行闲作草，晴窗细乳戏分茶"也很有趣致。想象一下，既言"晴窗"，当有阳光，阳光透过窗格，落在茶汤"细乳"，也就是细密荡漾的泡沫上，点点闪烁，是多么可爱的画面。

南宋另一位大诗人杨万里则把茶汤称为"香乳"，他在《谢傅尚书惠茶启》一诗的序言里写道："远饷新茗……当自携大瓢，走汲溪泉，束涧底之散薪，燃折脚之石鼎，烹玉尘，啜香乳，以享天上故人之意。"

为了品一品远方朋友送来的新茶，诗人大费周章，带着取水煮茶的家伙什儿入山，汲溪水，拾柴煮茶。不知煮茶用的那只"折脚之石鼎"是山中故物还是诗人自带。如果是故物，也要费一番清洗的周折；如果是自带，真是想一想就累死了。这样折腾，只为了一泡好茶。

值得吗？必定是值得的。古往今来，一代代的爱茶人，就是这么折腾过来的。

这里写到的"玉尘"，则是传说中神仙的食物，汉代大学者兼著名"神棍"刘向的《列仙传》里，写一个老神仙和人打赌，赌注就是"瀛洲玉尘九斛，阿母疗髓凝酒四钟"。——虽然都不知是啥，但是感觉好珍贵好厉害。而在杨万里笔下，它指代的也是茶，极言研磨后的茶粉之莹润、精致和珍贵，也就成了茶的另一个别称。

五、"水豹囊""冷面草"，都是"水厄"

当然，这世上的外号，从来都不是只有好听的。即使可爱如茶，也还有人会给它取促狭的外号，有时甚至有那么点坏心眼。

比如，茶有一个外号叫"水豹囊"，这个外号脑洞比较曲折，得费点口舌。

"豹囊"是豹皮做的袋子，喜欢看神仙志怪小说或者修真文的同学们对这件道具应该不陌生，传说哪吒的师父太乙真人送给他的那些宝贝，什么混天绫乾坤圈之类的，就用豹皮囊装着，大概类似于真皮限量版手袋。

而"豹囊"还有一个特别的功能，它能够装风。需要的时候打开一点口子，放出风来吹一吹，纳凉的话就吹点小风，对垒时就吹点暴风，十分方便。

那它和茶又有什么关系呢？大家都知道，喝茶也能喝兴奋，喝兴奋了的标志就是古人所谓的"唯觉两腋习习清风生"，跟着就要"乘此清风欲归去"了，不就和随身自带限量版真皮便携式鼓风机"豹囊"一样吗？而这个"豹囊"是流质的，所以叫作"水豹囊"。

擦汗，古人的脑洞也真是天马行空啊……

但不管怎样，把茶叫作"水豹囊"，虽然脑洞清奇，仍看得出是爱茶之人所为。还有并不喜欢茶的同学，偏要给茶取外号，竟也流传下来。

其中一个是"冷面草"，出自宋代一个叫符昭远的人。据说这位符先生很不喜欢茶，每次出门应酬，到了上茶的时候，他就唉声叹气，说："这玩意儿面目严冷，一点也不可爱，我们就叫它'冷面草'好了。搞不懂你们为啥都那么喜欢喝，要提神解乏的话，嚼一嚼佛眼芎，喝点菊花煮的水不也可以吗？"

这个"佛眼芎"大约是川芎的一种，川芎是一味中药，有镇静的作用，想也知道，嚼起来肯定没什么好味儿，搭配菊花水也没用。所以我作为一个爱茶人，严重怀疑符老先生的味觉有问题。

为此特意查了查他的生平，从侍卫将军做到御史，仕途算是很顺遂了，文学上嘛好歹也留下了两句诗（真的，就只有两句）。也不知他和宋初名将、后来封了魏王的符彦卿有什么关系，因为符彦卿的儿子们也都是昭字辈。总之这么一个疑似勋贵人家出身的文人，居然会不喜欢喝茶，真是不可思议。

这是因为有人不喜欢喝茶，所以茶得了个"冷面草"的外号。还有一个人因为太喜欢喝茶，使茶得到了另一个外号——"水厄"。

这个人是东晋名士王濛。

东晋是一个大家都很注意仪表还都以貌取人的年代，美人辈出，在这种激烈竞争的环境下，王大名士还能在史书上留下一句"美姿容"的记载，想必是个真美人。

据说有一个下雪天，王濛去见一个叫王洽的名士，在门外就下了车，飘飘洒洒地踏雪而来。王洽远远瞅见了，感叹："这真不像是世上之人啊！"

王濛对自己的姿容也非常自负，据说他每次照镜子的时候都说："哎呀，我爹怎么会生出我这么帅的儿子呀！"

如此看来这似乎是一个有点轻浮的无聊家伙，但实际上王濛擅长书法和绘画，也很有才干，官至司徒左长史（相当于总理办公室主任），所以每天络绎不绝地有人去拜访他。

而他十分喜欢喝茶，每天大量地喝茶，有人来访就拉着人家一起喝。但不是所有人都吃得消他那种喝法，事实上，大多数人吃不消。到后来那些要去见他的人，都会愁眉苦脸地说："今日有水厄（今天要遭水灾了）。"

于是"水厄"也就成为茶的又一个别名。

后来还流传过这么一个笑话。有人不知道这个典故，被问到

"卿于水厄多少"（就是问他能不能喝茶）的时候，还一本正经地回答："下官生于水乡，而立身以来，未遭阳侯之难。"

"阳侯"是中国古代的波涛之神，这位大哥的意思是：我出身水乡（游泳技术杠杠的），从没在水里出过事儿。

这是把"水厄"彻底理解为"水灾"了。

这里我忍不住要深深地怀疑名士王濛的泡茶技术，把茶泡成"水灾"，如果没有意外，他应该是中国历史上以泡茶技术差劲而留名的第一人。

六、何妨与酪作"苍头"

制造"水厄"的名士王濛，也许是有史料记载的、最早一批爱茶成痴的人之一，"水厄"这个外号也就一直流传下来。后来北魏文人杨衒（xuàn）之在《洛阳伽蓝记》里记载了这么一件事儿：当时一个叫刘镐的名士，仰慕名臣王肃的做派，于是也努力修习茶道，积极提升喝茶品位。就有朋友和他开玩笑，说："卿不慕王侯八珍，好苍头水厄。"

"王侯八珍"不知是哪"八珍"，反正一看就是好东西，而"苍头水厄"指的就是茶。

"水厄"我们已经充分了解了，那"苍头"又是什么意思呢？

这又要从刘镐所仰慕的王肃说起了。

王肃的身世十分传奇，标准的八点档历史剧男主的配置。他出身南朝琅琊王氏，可谓贵族中的贵族。其父王奂在南朝齐武帝萧赜（zé）时官至尚书左仆射，这是相当于丞相的重臣，而且仆射以左为尊，可谓"丞相中的丞相"。

王公子繁花似锦的人生在他三十岁那年发生剧变，全家被萧赜所杀（具体缘由太狗血曲折，这里就不细说了），他只身逃到北魏，得到北魏孝文帝拓跋宏的赏识，做过大将军，做过刺史，做过散骑常侍，封过侯，三十八岁去世，追赠司空公，谥号宣简。

就是这样命运多舛，笼罩着主角光环的一个人，刚到北魏时，吃不惯羊肉和乳酪，但他很快表现得入乡随俗，吃得开心又上瘾。于是拓跋宏问他："爱卿来自中国（这里的'中国'指的是南朝），觉得我们这里的羊肉比你们的鱼羹如何？我们的酸奶比你们的茶如何啊？"

王肃回答说："羊者是陆产之最，鱼者乃水族之长，所好不同，并各称珍。以味言之，甚是优劣，羊比齐鲁大邦，鱼比邾莒（zhū jǔ）小国。惟茗不中与酪作奴。"

这段话前面没什么歧义，大意是羊是陆上最美味的，鱼是水里最好吃的，各有各的妙，没有可比性。您一定要比，那我就投羊肉一票吧。但最后一句"惟茗不中与酪作奴"，却引发了中国品茶史上一桩"千古悬案"。

一般认为，这句话的意思是"茶不如酪，只能处于仆从地位"，于是茶就被称为"酪奴"。又因为古代将奴仆叫作"苍头"，所以也叫作"酪苍头"。

这就是前文中那句"不慕王侯八珍，好苍头水厄"中"苍头"的出处。

但这个名字，连同这种说法，实在不能让后世的爱茶人服气。于是有人为茶打抱不平，认为王肃实在给天下爱茶人丢脸，甚至有人建议也给他铸一座生铁像，放到西湖龙井去跪一跪。

又有人试图为王肃的话翻案，认为他所说的"惟茗不中与酪作奴"，应该断句为"惟茗，不中与酪作奴"，意思是"唯有茶地位特别，不能说'与酪作奴'"，所以后世的人们都误读了王肃的话，茶得了"酪奴"这个"恶名"实在是冤枉。

怎么说呢，爱茶人的心情能够理解，要说茶不如酸奶，只能作"酪奴"，我也觉得岂有此理。断句作"惟茗，不中与酪作奴"，牵强是牵强了点，但也说得通。

然而，这样的"翻案"真的有必要吗？

王肃生于南齐，终老北魏，那时饮茶的习俗不同于今天，与唐宋时期也不相同。有一种说法是当时制茶工艺还在草创阶段，一般都是简单水煮生叶片或者干叶片；还有一种说法是当时流行的品饮方式是"茶粥"，以米汤煮茶，加盐、葱、姜、橘皮、薄荷，等等。

这两种说法并不矛盾，很有可能是并行。所以不要说是当时习惯了乳酪、极少喝茶的北魏君臣，即使是今天为王肃的说法愤愤不平的爱茶人，真给他一盏当时的茶，恐怕也吃不消，宁可去喝酸奶。

而每一种文化传承，都是从最初的简单、粗率和简陋中，慢慢发展、变化、改进、完善下来的。这个过程中展现的是一个民族从口味风俗到审美和精神的不断变化，并在变化中曲折前进，兼容并蓄，自我完善，还有相应的各项物质技术的发展进步，以及随着历史发展而不断扩大的影响力。

因此实在不必预设立场，认为任何一种文化传承，从一开始就注定是并将永远是完美无缺的。恰恰相反，我总觉得正是这样变化提升的过程，才使我们的文化传承具有了丰富复杂的魅力和勃勃生机，而不是完美的、静止的、"供在龛里"的东西。

何况即使到了饮茶成风的宋代，还有符昭远这样将之视为"冷面草"，宁可去嚼中药的人呢。无论我们觉得茶有多么好，饮茶何等风雅，也没有道理就此认为世上每一个人都应该同样爱茶，"不'茶'不是中国人"。

如果对一样事物的爱，爱到不能容忍任何反对的声音，不能接受任何调侃玩笑，那并不是真正的喜爱欣赏，而是僵化的教条。

茶不是这样的，茶也不应该是这样的。我们所爱的茶，活色生香，丰富多彩，气象万千，从种茶、采茶，到制茶、藏茶，到煮茶、泡茶、饮茶、品茶，直到传遍世界，几千年的历史，几万里的传播路径，今天仍在不断地发展创新，时时带给我们惊喜（有时候也是惊吓），这才是它的生命力、它的魅力之所在，也是我们如此热爱它的原因。

所以我觉得，并不需要去改写茶"与酪为奴"的往事，就像我们记住了它那些几乎失传的古老名字，也记住了它那些美妙俏皮的雅号和别称，同样也应该接受它曾经是"酪苍头"，并知道它不可避免地会是某些人的"冷面草"。

所以，在这一章里，我把所有这些，都细细道来，而在之后的章节中，仍会如此。

我还觉得，不仅是茶，一切美好的值得珍惜和传播的历史文化传承，我们都应作如是观。

第二章: 你的样子

我们来聊聊茶的"样子",从茶的形态类别来了解人们驯化、种植和品饮茶的历史,其中有些部分,还会涉及一点植物进化和文化考古的内容。

这些内容或许有点乏味,又似乎与我们熟悉的茶文化略有距离。但我总觉得,人类的知识是一个整体,任何自成一格的领域,其实都只是这个整体的若干小小切面。如果对"整体"没有概念而只是"偏安"于一隅,如果对更广泛的相关知识没有好奇心、敬意和开放态度,那么不论是对哪一种事物的爱,都会存有缺憾。

对茶的爱也是如此。

一、分茶别类：重"色"还是重"形"？

众所周知，中国茶分为六大类：绿茶、红茶、黄茶、黑茶、白茶和青茶（也就是乌龙茶），所以说起茶的样子，似乎应该从这六种颜色开始，娓娓道来。

但事实上，这样以颜色分茶别类的做法，至明代才开始大行其道，其中乌龙茶出现得最晚，直到明末清初才最终定型。

清代大才子袁枚，生于江南繁华富庶之地，长于太平盛世，一生自命风雅，尤其讲究吃喝，写过文人食谱的代表作《随园食单》，可以算作后来大行其道的"美食文人"的开先河者和领军人物。

就是这样一个名士兼美食家，七十岁时游历武夷山，喝到"杯小如胡桃，壶小如香橼"的工夫茶，被刷新了饮茶的"三观"，他喜出望外地特意写进书中："每斟无一两，上口不忍遽咽，先嗅其香，再试其味，徐徐咀嚼而体贴之，果然清芬扑鼻，舌有余甘。一杯以后，再试一二杯，令人释躁平矜，怡情悦性。始觉龙井虽清，而味薄矣；阳羡虽佳，而韵逊矣。颇有玉与水晶，品格不同之故。故武夷茶享天下盛名，真乃不忝，且可以瀹（yuè）至三次，而其味犹未尽。"

敏感的舌头遇到美妙的味道，再加上性灵才气，那份惊喜欢悦，隔着两百多年，仍几欲从字里行间透出，引人遐想。

但由此我们也知道，直到袁枚生活的乾嘉年间，乌龙茶也还未十分普及，以至于连袁大才子这样的"风雅生活"代言人，也要亲身到原产地，才能通过正确的喝法品到乌龙茶的真味，改变之前觉得武夷茶"浓苦如药"的错误印象。

其实何止是清代的袁枚。直到二十一世纪之初，最早一拨"美食作家"之一的古清生，写到自己早年间的喝茶经历，还趣味盎然地写了第一次喝铁观音的趣事。请喝茶的大哥泡好茶之后，郑重其事地拿出一把牙刷，勒令一群人先刷牙，再喝茶，足见在当时喝工夫茶是多么稀罕的事儿。

无独有偶，同样是写茶极为有名的作家潘向黎，在一篇名为《听，茶哭的声音》的文章里，又郁闷又好笑地写到自己在某绿茶产区，被邀请观看茶艺师用工夫茶的茶具和手法泡绿茶，那种替茶委屈到不行的痛苦心情，"把嫩嫩的绿茶当成结实的乌龙茶来折腾，又高温又长时间地焖，早把它焖熟焖烂了，不，焖死了。"

可见，今天人们习以为常的"品茶之道"，以及相关的知识、经验和习俗，并不像我们以为的那么"古老悠远"，不仅在大众生活中还并未真正扎根，在中国漫长的茶的历史中，也仍然得算是"新鲜玩意儿"。

也就是说，如果我们想要往回追溯得更远一些，看一看历史上的茶到底是什么样子。似乎应该暂时忘记我们所熟悉的关于茶的一切，重新向时光和书页深处去感受和追寻。

中国古籍中最早关于茶的类别的明确记载，见于陆羽的《茶经》。之前各种文献中提及茶的篇章段落，往往只是用文学形容勾勒茶的风神气质，什么"芳茶冠六清，溢味播九区"（西晋张载《登成都白菟楼》），什么"焕如积雪，烨若春敷"（西晋杜育《荈赋》），什么"百草之首，万木之花，贵之取蕊，重之摘芽……或白如玉，或似黄金"（唐初王敷《茶酒论》），什么"味足蠲（juān）邪，助其正直；香堪愈病，沃以勤劳"（唐代韩翃《为田神玉谢茶表》）。

替陆茶神不耐烦一下："一句说到点子上的都没有。"

还是茶神术业有专攻，对茶做了清晰简单的分类："饮有觕（cū，同粗）茶、散茶、末茶、饼茶。"

于是我们了解到唐及唐以前，区分茶不是根据颜色，而是根据形状。但陆羽的分类也有逻辑上的硬伤，严格来说，与"饼茶"相对的是"散茶"，粗茶和末茶都应该归到"散茶"这一类别之下。

果然，到了宋代，就对茶的分类作了修正，《宋史·食货志》

记载:"茶有两类,曰片茶,曰散茶。"这就更简单地把茶分了两大类,一类是压制成型的茶饼或茶砖,另一类是叶片或碎末状的散茶。

这样看来,似乎和今天的情形也没有太大不同,今天我们喝的茶,不管青绿红黄黑白,基本上也还是这样两大类形状。

但实际上,不管是"片茶"还是"散茶",从古到今,各自都经历了漫长的发展演进,从里到外,从形到神,都有过可以说是"脱胎换骨"的改变。

在这个过程中,有的茶消失了,什么也没有留下;有的茶尽管已不再,世上却仍有关于它的传说;也有的茶消失了,只留下名字供后人揣测猜想;还有的茶虽然是同样的名字,但早已不是当初的那种茶了……而所有这些变化与痕迹交织在一起,就成为历史。

不仅是茶的历史,世间一切事物,究其历史,莫不如此。

那就且让我们把这样的历史,细细道来。

二、植物进化的"小小史诗"

最早出现的真正意义上的"茶",应该是散茶。

古老传说中,几片茶叶无意间随风飘落进神农大神正在煮水的釜中，这就有了世上的第一泡茶。

当然，那时的茶树，和我们今天的茶树并不相同。

任何一种今天随处可见，我们视若寻常的植物，考察它的历史，尤其是它如何与人类发生关系，如何被人类发现、驯化和改变，都是一部自然、科技与文明的小小史诗，茶树的历史也是如此。

多亏了考古学家、植物学家、遗传学家、历史学家甚至语言学家，以及其他我一时想不起来的各个学科专家学者们的勤劳与智慧，今天我们才能够把关于茶的那部小小史诗，大致梳理出来——

这部小小的史诗可以追溯到六千五百万年前的新生代第三纪。

那时的世界，恐龙已经灭绝，爬行动物也随之式微，哺乳动物占据了主流地位，大地上漫步着巨型的食肉鸟类——不飞鸟，还有雷兽、古兽、跑犀、始祖马和始祖象，以及灵长类动物的祖先——古猿。裸子植物渐渐衰落，被子植物极度繁盛，植被以森林为主。

就在这时，茶树的老祖先出现在中国四川、云南、贵州交界的一带，这是今天已经确认的茶树最古老的起源中心。

这个时期地形剧烈变化，喜马拉雅山脉和横断山脉上升，云贵高原初具规模，冰川与洪水次第袭来，在区域内形成了褶皱断裂交错的丰富地貌，以及不同的气候环境。

原始茶树为了适应环境和气候变化，以及由此带来的不同水质与土壤，缓慢地演化出不同的生态。可以想见，其中有许多演进方向最终被自然判定为死胡同，有许多类别被淘汰而灭绝，这样的"物竞天择"在每个物种的进化过程中都会上演，茶树也不例外。

这个过程极为漫长，持续了几千万年。进化中的茶树群落并没有偏安一隅，而是朝着三个方向扩张领土——

一路沿着澜沧江、怒江水系朝西南而去，环境越来越温暖多雨，茶树生长迅速，越长越高大，因此保留着较多的原始野生茶树的特征，现今云南的大叶茶就是它们的后代。

另一路沿着盘江和元江，向东南方向"进军"，它们所到的区域，受东南季风影响，季候干湿分明，有些茶树熬过了旱季，仍然保留着高大的外形，有些则向自然妥协，逐渐变成半乔木。

还有一路更为"英勇"，沿着金沙江、长江水系，向着更高纬度的地区发展。更高的纬度，意味着冬季更低的温度，更少的降水，为了适应这样的环境气候，茶树越来越矮小，从乔木变成灌木，叶片也越来越小，成为今天我们在江南茶园中随处可见的小叶茶树的样子。

这样的领土扩张说来简单，其实是一场漫长且永无止息的"战役"，任何生物的生存与进化都是这样的战役。直到某个我们还不能确定的时候，以某种我们还无法确定的方式，茶树与另一个完全不同的飞速进化的物种相遇了。

从此，茶的命运和它在世界植物图鉴中所扮演的角色，就被彻底地、永远地改写了。

这个物种就是人类，准确地说，是我们中国人的祖先。

虽然较之茶树几千万年的进化史，它与人类相遇的时间太过短暂，但对人类的历史来说，那是久远得难以想象的远古时光，具体时间、地点和情形几乎已不可考。

曾经一度，考古学家一个很可爱的小发现，仿佛敲开了远古历史的一个小缺口。

二十世纪七十年代，云南宾川白羊村新石器时代遗址出土了一块四千年前的红泥土块化石，化石上印有某种果实的痕迹，研究表明，这是茶树的果实！

这是迄今能够找到的最早的，人与茶接触后留下的实实在在的痕迹。

而且四千年前的新石器时代，与神话中"神农时代"大致同时期，那也正是传说我们的祖先无意中煮出第一泡茶的时候。

遗憾的是，仅有神话传说和这个红土块上的小印痕，并不能证明我们与茶在四千年前就有了"亲密接触"。这个小小的果实的痕迹，有可能是当时采摘食用茶叶时遗留下来的，也有可能只是出于一个意外被印到了红泥上，保留到现在。

但话说回来，我们回溯历史，尤其是湮没在时光深处的古老历史，确实应该秉持谨慎理性的态度，而与此同时，似乎也应该为想象力和诗意留出余地。

如果我们把自然想象成一个伟大的诗人，随意泼洒自己的灵感和创意，写下一篇篇物种进化的史诗、喜剧和悲歌。那么，关于茶的这一篇章，它一定很愿意被赋予这样的结局——

在文明曙光将现的时候，美妙而独具特色的植物，遇到了聪明勤奋且在饮食上特别有天赋的人群，从此幸福地生活在一起，直至今天。

无论真相究竟如何，且让我们将之作为这篇植物进化的小小史诗的最后诗行吧。

三、最是人间烟火气

现在，我们知道了茶从何而来，如何与我们相遇，那么之后的故事呢？

追溯起来还是绕不开《茶经》，陆羽"茶神"的名头可真不白给。

《茶经》成书于唐代中期，记载的种茶、制茶和饮茶之道已经非常成熟翔实，只要再加一点点想象力，就能大致复原出当时的茶文化和茶生活，并由此推断出之前饮茶习俗的发展演变。

陆羽推崇的饮茶方式，是一种从煮茶向点茶过渡的状态，可以认为是当时饮茶的流行风尚，至少是陆羽所极力推崇的发展方向。这个我们下文再说，在此先要说说除此之外，他还提到了另外两种饮茶方法。

一种是前文提到的"茶粥"——"用葱、姜、枣、橘皮、茱萸、薄荷之属，煮之百沸，或扬令滑，或煮去沫。"这大约是早年茶还是"荼"的时候，与菜混为一谈的遗风。陆羽对此深恶痛绝，认为"斯沟渠间弃水耳"——这根本就是下水道里生活废水的味道啊！但是"习俗不已"，老百姓喜欢，茶神也没招。

这种煮茶粥的古老风俗，尽管被茶神鄙视，却一直生动活泼地延续下来，并不断花样翻新。到明代的《金瓶梅》一书中，那一盏又一盏"胡桃松子泡茶""蜜饯金橙子泡茶""盐笋芝麻木樨泡茶""玫瑰泼卤瓜仁泡茶""木樨青豆泡茶""咸樱桃泡茶""瓜仁栗丝盐笋芝麻玫瑰泡茶"……就是从这"沟渠间弃水"变化而来，而我生平第一次居然看书中的茶看得饿了。

最夸张的是第七十二回，潘金莲点的那一盏"芝麻盐笋栗丝瓜仁核桃仁夹春不老海青拿天鹅木樨玫瑰泼卤六安雀舌芽茶"，一口气都读不下来！有人考证，"春不老"应该是一种腌菜碎，"核桃仁夹春不老"就是核桃夹腌菜碎；"海青"是橄榄、"天鹅"是白果，"海青拿天鹅"是橄榄镶白果……我一向觉得自己对食物的想象力敏锐又丰富，竟也想象不出这盏茶到底是什么味道。

直到今天，"擂茶"仍然可算是"茶粥"遗风，从中原到沿海，"擂茶"风俗各异，似乎没有什么不能往茶里添加：加米，加盐，加葱姜、胡椒、芫荽、橘皮、薄荷、八角，加花生、黄豆、绿豆、红豆、玉米，加芝麻、核桃仁、松子仁、瓜子仁、葡萄干、红枣、栗子、桂圆肉，甚至加黄花菜、地瓜干、海带、粉条、香菇丝、烟笋，还有煎豆腐、香肠、炒肉丝……啧啧，估计任何一个茶人看到这里大概都要喊救命，如果是陆羽茶神只怕当场气晕过去。

但我却很没有风骨节操地写着写着又写饿了。

再往宽泛里说，八宝茶、咸奶茶、酥油茶也依稀仿佛得其遗韵，我还疑心东瀛的玄米茶和西洋的花果茶，也可以算是茶粥的一个变种。脑洞再大一点，樟茶鸭、龙井虾仁甚至茶叶蛋也似乎可以归入这一大类。钱钟书先生的《围城》里写道，茶叶初传至海外时，西人不解煮，"整磅的茶叶放在一锅子里，倒水烧开，泼了水，加上胡椒和盐，专吃那叶子"，其实未尝不能也算作某种"茶粥"，居然饶有古风。

自从陆茶神盖戳鉴定为"沟渠水"之后，"茶粥"从未被真正视为"茶"，茶人们私下里吃不吃且不论，明面上一律予以鄙视。就在前不久，一位喝茶的大哥，看到我泡了一壶花草茶，还痛心

44

疾首地大呼"异端"。

这里我必须要为这样的"茶"说句公道话了。从"琴棋书画诗酒茶"到"柴米油盐酱醋茶",不变的可只有"茶"。这种丰富、兼容并蓄、能大雅亦能大俗,才是茶最难能可贵的地方啊。

"喝粥也是神仙事",何况粥里还加了茶。

一种美好事物的生命力,往往在于它能否接上"地气"。茶之流传千古,泽被万方,并不因为它能雅,恰恰是因为它能"俗"。这种俗,不是粗俗流俗,而是最珍贵难得的人间烟火气,是一种与现世生命,与芸芸众生息息相关的美好味道。

不多说了。饿不饿?来一碗茶吧。

四、来自时光深处的清芬

"茶粥"为陆茶神所痛恨;还有一种茶,他提了一笔,未加议论,看不出喜恶:"乃斫、乃熬、乃炀、乃舂,贮于瓶缶之中,以汤沃焉,谓之痷茶。"

"痷"读作"淹(yān)",所谓"以汤沃焉",以滚水浇茶叶,显然就是我们今天的"泡茶"嘛。只是当时泡茶用的茶叶,要先斫(切碎)、熬(蒸煮)、炀(烘烤)、舂(捣碎),再来冲泡,与我们今天的做法并不相同,感觉似乎更像是某种"速溶茶"。

以常理度之，一种饮料出现"速溶版"之前，应该有更为原生态的版本。再以常理度之，用滚水直接冲泡或烹煮茶树叶，应该就是"痷茶"的原始版本。古代传说里神农氏不就是这样开始喝茶的吗？

只可惜从四千年前神农锅里煮的树叶，到一千两百年前陆羽书中记载的"痷茶"，中间这两千八百年间，虽然关于茶的记载不绝如缕，但没有人如陆羽一样清楚明白地记下来，到底是什么茶，怎么个喝法。

不过没关系，我们可以往中国之外去找渊源。

1824 年，英国的一位布鲁斯少校在印度阿萨姆邦沙地耶地区发现了一棵野生茶树。1833 年，他的兄弟，另一位布鲁斯又在锡比萨加发现了成片的野生茶树。

这些发现在当时颇为轰动，还在学术界引发了一场旷日持久的茶树原产地之争。

学术上不同观点间的论证和争执难以细表，总之最后大多数人还是认定茶树起源于中国，由中国传入印度。两位布鲁斯先生在印度发现的野生茶树，之所以与后来由中国传入的茶树有所不同，或是因为传入当地后完全没有经过任何人工驯化，野生已久，呈现出属性差异。

除了再次明确茶树起源于中国之外，布鲁斯兄弟的发现，其实还有一个重要作用，就是帮助我们考察在原生状态下人们的饮茶习俗。

因为茶树在当地没有经过任何人工驯化和种植，所以当地人的饮茶习惯，可以视为早期人类饮茶习俗的"活化石"，由此推测出我们的先民是如何食用和饮用茶叶的。

在布鲁斯兄弟之前，一位荷兰传教士记载过印度人把茶煮熟，拌着大蒜和油，当作蔬菜食用，或者用来煮汤。——这和我国早期以"茶"为菜和以茶煮粥的习惯不谋而合。

而布鲁斯兄弟记载当地居民把茶叶作为饮品，他们"采摘叶子，若是树太高就砍倒树，把柔嫩的叶片摘下，在太阳下干燥三日后煮水饮用；有时会把干燥后的茶叶塞入竹筒，一边用枝棍填实，一边将竹筒用火烘烤，直至竹筒中装满烘烤后的茶叶，再用叶片封好竹筒口，将之悬挂在火塘上方有烟熏的地方保存"。

对！这就是了！

陆羽记载的那一套"采之，蒸之，捣之，拍之，焙之，穿之，封之"的制茶工艺，在其发展完善之前，我们的祖先应当就是这样，将野生的茶叶制作为清气四溢的饮品。

最开始是直接采摘新鲜茶叶煮水或泡水。然后人们发现，经过阳光曝晒干燥，味道会更好一些，接着又学会通过简单的烘烤，将茶叶保存更长的时间，并赋予其更特殊的风味。——这就成为真正意义上的"最早的茶"。

但是且慢，有没有觉得这"最早的茶"，有那么一点点眼熟？

没错！这"最早的茶"的味道和芬芳，直到今天，我们仍然可以捕捉到。

那就是"白茶"。

在今天所有的茶叶种类中，白茶的制作工艺最为简单自然、工序也最少：采摘新鲜茶叶，薄薄地摊放在竹席上，置于通风的室内，或不那么强烈的阳光下，让茶叶自然萎凋，然后再以文火烘干，所制成的茶叶，就是白茶。

因为制茶过程没有经过杀青和揉捻，茶叶上那层薄薄的茸毛——茶毫，基本保存完整，烘干后仿佛一层细细的茸茸的白霜，轻轻挂在暗绿色的茶叶上，因此叫作"白茶"。

又因为工艺简单，白茶得以保存最原始天然的口感，汤色格外浅淡清澈，味道鲜爽纯净，清气逼人。

当然，饮茶的感受因人而异。通常说白茶有"毫香"，我总觉得是一种"暗哑"的"粉香"，但几乎没有人和我有同感（真伤心……）；而许多朋友形容白茶有"野性的清气"，我又觉得这个形容未免太玄乎。总之，白茶的好处，在于简单干净，它的味道并不丰富复杂，而是一味地清爽鲜醇，还带着一线隐隐的甘甜。

如果让我也来点玄乎的比喻，我会说它就像"诗仙"李白最为推崇的风格——清水出芙蓉，天然去雕饰。

此外，白茶的药用价值近几年也很受追捧，所谓"一年是茶，三年是药，七年是宝"是也。因为白茶是轻微发酵茶，所以饮用"老白茶"的习惯之前并不普遍。据说现今许多老白茶，都是从中药铺子里找来的。

对于茶的药用价值，我就不多说了。我一向秉持的观点是，茶对身体肯定有好处，但在我心目中，它的饮用体验和审美价值远远高于药用价值，个中取舍，全看个人选择。

因为白茶加工工艺简单，所以有一种说法认为，白茶的历史要早于绿茶。当然，茶树的种类不同，采摘叶片的要求不同，萎凋和烘干工艺也不同，我们今天喝到的白茶，与我们祖先最早把茶叶当作饮品时喝的"白茶"，气味口感应该不完全一样，甚至很有可能完全不一样。

但可以肯定的是，在纷繁复杂的"茶叶进化史"中，有这么一个小小的分支，以极为简单天然的方式制茶、饮茶，从上古一直流传到今天，绵延不绝。

于是，在陆羽的《茶经》之前，那些古老遥远的诗篇文字中，所有关于茶的记载，似乎语焉不详的"清气""苦味""芬芳""甘香""清澈""明净""冷冽"等，就忽然都活了过来，化作今天我们案头那一缕白茶鲜灵灵的清香。

五、"蒸"与"炒"的选择题

白茶之后诞生的是绿茶，然而绿茶就是一个完全不同的故事了。

如果你泡一杯绿茶，感受它清洌蒙茸的香气，品尝它鲜澈甘美的味道，发一番思古的幽情，想起"诗僧"皎然的"素瓷雪色缥沫香，何似诸仙琼蕊浆"，想起大书法家颜真卿的"流华净肌骨，疏瀹涤心原"，想起大诗人刘禹锡的"木兰沾露香微似，瑶草临波色不如"……那么我必须很煞风景地打断你的绮思：不好意思，茶错了！

我们今天喝到的绝大部分绿茶，其制作工艺到明代才最终完善，因此你所感受的茶香茶气茶味茶韵，与明代以前诗文中所描述的，根本不是一回事儿。

这里面的是非曲直、爱恨情仇，要从茶的制作工艺说起。

除了白茶和红茶，其他四类茶的制作过程中都有一个环节叫作"杀青"。这个词是不是看上去特别酸爽过瘾？（大概因为确实过瘾，不止制茶，制作竹简、造纸都有这么一个环节。）实际操作也很酸爽过瘾，就是想方设法用高温"摧残"茶叶，蒸发水分，使茶叶变蔫，"破坏和钝化鲜叶中的氧化酶活性，抑制鲜叶中的茶多酚等的酶促氧化"（这句话我就是这么一说啊，我也不知道具体什么意思），总之，这是一个阻断茶叶变老、变硬、褪色和衰朽的过程，目的在于让茶叶尽可能保持住颜色和香气。

在陆羽写《茶经》的时代，"杀青"需借助蒸汽产生的高温，又称为"蒸青"，这个做法一直延续到元末明初，才逐渐被"炒青法"取代，茶叶从"上蒸锅"变成"下炒锅"，从被蒸汽温柔地"蹂躏"到被铁锅狂风骤雨般地"摧残"。由此制作出的绿茶，也就从"蒸青茶"变为"炒青茶"。

之后又在炒青绿茶的基础上，发展出烘青茶，即从"下炒锅"改为"进烘笼"。茉莉香片等花茶，通常就是用烘青茶作为茶底。

我们还是回头说炒青茶，按中国人喜欢把食物和皇帝扯上关系的习惯，炒青茶的普及，据说和明代第一位皇帝朱元璋有关。

故事极为套路：朱元璋在起义行军过程中喝到了湖北蒲圻茶农出身的军人们随身带的绿茶，觉得滋味特别，念念不忘。得了天下后就去寻访，在一个叫作"羊楼洞"的地方，尝到了一位刘姓隐士制的茶，龙心大悦，赐名"松峰茶"。——这就是炒青绿茶。

之后他于洪武二十四年（1391年），下旨"罢造龙团，唯采茶芽以进"，炒青绿茶正式获得官方认可，大行于天下，蒸青绿茶就慢慢地式微了。

平心而论，这个故事比各类"珍珠翡翠白玉汤"的故事，还要靠谱那么一点点。羊楼洞确实是一个著名产茶区，虽然后来以出产青砖茶（黑茶的一种）而闻名。朱元璋也确实曾下旨"罢造龙团"，使得散茶成为中国茶道的主流。

但我忍不住好奇，为何炒青茶能够取代之前流传了几百年的蒸青茶，最终成为绿茶的主流呢？难道仅仅因为一朝天子个人的喜好吗？

当然不是。上位者的偏爱，固然可以造成一时的流行，但不可能左右一个民族绝大多数人长久的口味。尤其事关舌尖唇齿，中国人在这方面可是绝对不会妥协的。

只可能是炒青茶比蒸青茶更体贴中国人的舌头和味蕾，更适合中国人的口味和审美。

确实是这样吗？我不敢武断地下结论。或许，还是先去品一品炒青与蒸青有什么不同吧。

炒青绿茶似乎不必细说，大家都知道是什么味儿，虽然春茗秋莽、明前雨后、龙井毛尖、雀舌蝉翼，乃至高碎和大叶子，各有不同，但大致是在一个味道系统里的。

这个味道，我个人觉得形容得最传神的，还是散文作家宗璞老师转述《小五义》中一位壮士的形容——"香喷喷的、甜丝丝的、苦因因的"，以及鲁迅先生那简简单单的一句话："色清而味甘，微香而小苦。"

不管是壮士还是鲁迅先生，都抓住了炒青茶最关键的特征：清、甜、香、苦。此外，我觉得还应该加一个字：烫。

虽说泡绿茶的水温，根据茶叶不同，从 75℃～95℃，但以人的体感来说，都在"烫"的范畴内。绿茶最怕温暾，明代大儒董懋策曾说，"浓、热、满"三字尽茶理，陆羽的《茶经》可以烧掉了。这正是炒青茶大行天下后人们朴素的饮茶观。

至于蒸青茶，虽然明之后已式微，但并未彻底消失，其代表作是湖北的恩施玉露（这个名字真好听）。此外，它还远渡东瀛，在日本一枝独秀，时至今日，日本茶道的主流，仍是蒸青绿茶。其中顶级的同样名为"玉露"，日本茶道中使用的"抹茶"，即是蒸青茶磨碎后制成。

抹茶我们后面再说，先说说日本的"玉露"。

怎么说呢，习惯了炒青茶的中国人，第一次接触到日本的蒸青茶，第一反应就是"绿"。不管是茶叶、茶汤还是叶底，都比我们的"绿茶"要绿好几个量级，绿得发鲷，绿得打眼，绿得都让我觉得有点不真实。

而它的味道该怎么形容呢，也甜，也苦，也香，但和我们熟悉的甜、苦、香都不在一个波段，很有剑走偏锋的感觉。

其甜，不像炒青茶的"甘"那么微妙回荡，而是一种直接清晰的淡甜，就像含了颗冰糖；其苦，也苦得更直接，同样是清晰，而且短暂，一闪即过；至于它的香，与其说是香，不如说是"鲜"，一种接近海藻、海苔甚至海带的鲜味，极为强烈而特殊，有那么一点儿像往茶里加了味精。

除此之外，我个人觉得蒸青玉露整体上呈现出的是一种"闷闷的""郁郁的"气息，略为压抑和收敛，就像遮天蔽日的森林，不见阳光，苔藓蔓生。冲泡玉露不能用太烫的水，越是顶级的玉露水温越低，一般是 50℃～60℃，甚至低至 45℃，温暾的水温使这种"闷闷"的感觉更加强烈。

喝过蒸青玉露，我才明白为何唐宋时的文人会说茶"面目严冷""饮之森然"，会把它叫作"冷面草"或者"森伯"。那种郁郁苍苍、不见天日之感，确实让我觉得难以亲近。

后来我得知，日本顶级的玉露，在采摘之前要经过二十天的遮光栽培，用竹席、芦苇或帆布把茶园遮盖起来，"抑制氨基酸转化为茶单宁"，（我就这么原话照搬过来，其实并不懂是什么意思）从而使茶的涩味减少，鲜味增强。

当时我就想：难怪味道会那么"闷"。

相较之下，我们所熟悉的炒青茶，不管是高香、清香、甜香、栗香、豆香、竹香、粽叶香……都带着那么一股阳光透过叶片，洒满树丛，熠熠生辉、生机勃勃的温暖明亮之感。

或许，这种温与烫的差异，郁郁苍苍与熠熠勃勃的区别，低回与高扬的落差，正是蒸青茶与炒青茶最大的不同吧。

再或者就如林语堂先生评说中国文化与日本文化的差异，都喜欢云烟缭绕之美，不同的是，日本文化中的云烟就是云烟，而中国文化中的云烟之后，一定还有坚实的山峰，广袤的大地。

我说过，口味是非常"个人"的东西，我们很难武断地评说这两种味道的高下优劣。炒青茶一经问世，便在中国迅速取代了蒸青茶的地位，只能说，它确实是更适合中国人的舌头、喉咙和五脏六腑。

至于为什么会这样？也许这是很好的民族天性或者集体潜意识的课题。但我没法给出令人信服的答案，我甚至怀疑这样的问题不可能有准确答案。

如果一定要问，我只好说，这大概就和我们中国人是全世界唯一把喝热水作为常态、更钟情铁锅热油高温爆炒菜肴、怎么也改不了大家围坐一桌的合餐制、到哪里都忙着耕土种菜、偏偏选择了一音一意的方块字等一样，是某种镌刻在民族基因中的偏好和选择，没有道理可讲，喜欢就好，喜欢就是美。

六、世上最美的茶

说完了白茶和绿茶，仍然没有说到唐宋时期的"主流茶"。——

没错，这两种茶当时都是非主流，所以朱元璋才会特意下旨"罢造龙团，唯采茶芽以进"，强力推行散茶以取代主流的"龙团"。

那么问题来了，"龙团"是什么？

简单地说，"龙团"指"团茶"，是一种流行于唐宋时期的蒸青茶饼。就是陆羽《茶经》里所说"饮有粗茶、散茶、末茶、饼茶"中的"饼茶"；也是《宋史·食货志》记载"茶有两类，曰片茶，曰散茶"中的"片茶"。

但如果你把它想象成我们今天普洱茶的"七子饼"、白茶的"贡饼"或者沱茶圆团团的模样，那可就不对了。

真正的龙团，也许是中国茶史上有过的最美丽的茶。

它有过许多美丽的名字：龙凤英华、乙夜清供、承平雅玩、玉除清赏、宜年宝玉、玉叶长春、太平嘉瑞、长寿玉圭、万春银芽、蜀葵、金钱、雪英、云叶、拣芽、寸金……它兴盛于中国历史上最具审美趣味的朝代，在一个文采风流的帝王和他那些穷奢极侈的臣子们手中发展到极致，带动了一系列精美绝伦的茶具茶器的盛行和神乎其技的饮茶风尚，代表着今天人们无法想象的奢侈华丽，以及对人力物力极尽的铺张……在当时肯定是对民力极大的浪费，想必也曾民怨沸腾。——这也是厉行节俭的洪武爷下旨"罢造龙团"的原因之一，隔着一个元代，还能让日理万机的开国皇帝特意惦记着，可见是多么惊人的奢靡之举。

但是，尽管如此，隔了千年的时间，我们今天回头看时，仍然能感受到在这一切之上的，那种不容置疑、让人屏息凝神的美。

这种美发端于陆羽的《茶经》。

陆茶神形容茶的形状，有的如胡人的靴子一样蹙缩，有的如"犎（fēng）牛"胸间的牛皮一样层叠，有的像出岫的浮云一样宛曲，有的像清风拂过水面荡起的涟漪，有的像制陶师傅手中捽打的澄泥，有的像暴雨冲刷的新耕的土地……这些形容有的优美，有的却让人忍俊不禁，其中很明显有散茶也有饼茶，可见当时是两种茶并行。

不管是散茶还是茶饼，在饮用前都要碾碎成细末，有些类似于今天日本茶道用的抹茶，但又不完全是粉末状，因为陆羽还说"末之上者，其屑如细米；末之下者，其屑如菱角"。

我一直没闹明白"细米"和"菱角"怎么会拿来作对比，暂且想当然地认为"细米"比较润泽柔腻，而"菱角"比较粗糙尖锐吧。

《茶经》中记载的煮茶方式，已经有一点儿点茶的雏形：碾茶之后先煮水，水泡贴着锅边成串泛起的时候，舀出一瓢水备用，然后用"竹筴（cè）"搅动锅中的水，并把量好的茶末从搅出的水涡中心投入，待到茶水沸腾翻滚的时候，把先前舀出来的那瓢水注入，被称为"华"的沫饽就会泛起，茶就煮好了。

沫饽是茶汤的精华，薄的叫作"沫"，厚的叫作"饽"，轻盈细腻的叫作"花"。——这里陆茶神没说为何有厚薄轻重的区别，估计是由茶的品种和煮茶人的水平共同决定的吧。

好的"花"，如圆圆的池塘里漂浮的枣花，如宛曲的水潭中新生的浮萍，又像晴朗的天空中鳞然飘荡的浮云（不明白为何用"枣花"作比的朋友，不妨去看看枣花，细小、嫩嫩的黄绿色，而且香气特别幽微）；好的"沫"则如苔藓生于水岸，如菊花花瓣落入酒杯；而生成"饽"是因为水沸腾时茶末泛起，水面"花"与"沫"层层叠叠，如同皑皑积雪。西晋杜育《荈赋》中所谓"焕如积雪，烨若春敷"，就是这样的情形。

分茶时，各个碗里的"沫饽"要均匀，一般一升水煮出来的茶可以分五碗。煮一炉茶最少分三碗，最多分五碗，人再多的话，再开茶炉就好了。

饮时要趁热，这时重浊的茶末沉淀在下，茶汤的精华荡漾在表面。一旦冷却，精华就会慢慢消散，即使没有消散，芬芳气息也不在了。

这样的文字，看下来真是赏心悦目、美不胜收。同时也告诉我们，早在西晋，这种煮茶的风尚就已经开始流行了。到陆羽的时代，当然已经是千锤百炼，圆融优美至极。

那么，到了宋代，饮茶一道，还能更美吗？

是的，还能更美！

先说茶饼的制造。在《茶经》中，陆羽只是简单地说"采之，蒸之，捣之，拍之，焙之，穿之，封之"。而从唐末开始，制作茶饼时开始使用一种名为"珍膏"的东西。

"珍膏"是什么？众说纷纭，一说是米汤，一说是乳酪，但比较可信的说法是《茶经》中所谓"出膏者光"的"膏"，即制茶时捣茶（相当于后来制茶工艺中"捻揉"这个环节）过程中萃取的浓稠茶汁。

人们把"珍膏"涂在茶饼的表面，使之光滑美观，"珍膏"的颜色有青、白、黄、紫、黑的差异，白色最为珍贵，青色次之。到后来，为了增加茶的香气，又往珍膏里微调进龙脑麝香等香料。

再往后，茶饼越做越精美，龙团、凤团、月团纷纷出现，形状也从圆形发展到方形、圭形、花叶形，花纹极尽精致繁复，图文并茂，又镂金错银，重彩装饰。个头也越来越小巧，前有大奸臣丁谓监制的"大龙团"，八饼一斤；后有名相蔡襄监制的"小龙团"，二十饼一斤。再后来更小到二十八饼一斤，一饼茶价值二两黄金，而且有价无市，所谓"金可有，而茶不可得"。

有一回，宋仁宗举行三年一次的南郊祭天大礼。估摸是皇上感受到天下承平、政通人和，兼之祭祀准备工作实在出色，龙心大悦，赏赐中书、枢密两院八个正副宰相——听好了，八个人！

拢共赏了他们一个茶饼！

大家珍而重之地把这一个饼劈成八瓣（这还真考验刀工啊），各自揣了一角回家。平时小心翼翼地供起来，来了特别重要的客人，才取出来传看把玩一番，然后继续供着。——这根本不是茶，是古董珍玩啊！这样把玩下去，就算没有"珍膏"，也能摩挲出"包浆"了吧？

所有这些，发展到风流天子宋徽宗的时候，终于诞生了登峰造极的"龙团胜雪"。

以赵佶在中国历代帝王中几乎排名第一的审美，自然是看不上镂金错银、重彩涂膏的装饰，也受不了以龙脑麝香"玷污"茶的真味。当时督造贡茶的大臣郑可简揣摩上意，"将已拣熟芽再剔去，只取其心一缕，用珍器贮清泉渍之，光明莹洁，若银线然。其制方寸新銙（kuǎ），有小龙蜿蜒其上，号龙团胜雪"。

刚长出的茶芽叫作"小芽"，所谓"雀舌"就是指它，已经是制茶原料中最娇嫩珍贵的了，而制作龙团胜雪，还要把小芽剔取中心的一缕，再用清泉涤渍，就像是一丝晶莹洁白的银线，叫作"水芽"，所以这种茶也叫"银丝水芽"或者"银丝冰芽"。这是空前绝后的制茶原料，当时人就感慨："至于水芽，则旷古未闻也。"

用"水芽"制作的茶饼，取茶的本色与天香，造型简洁优美，一条小小的龙蜿蜒其上，名为"龙团胜雪"。所谓"茶之妙，至胜雪极矣"，真是一点儿也不夸张。

据说一斤龙团胜雪的造价是四万贯。这是什么概念？《水浒传》里晁盖、吴用等人"智取生辰纲"，得了金银珠宝共计十万贯。有人算了一下，根据当时的购买力，十万贯大约相当于五千万人民币，那么四万贯就是两千万人民币了。

两千万元一斤茶！我需要喝杯茶压压惊。

这时的饮茶方式已从陆羽时代的煮茶，发展到更具仪式感和炫技性的"点茶"。宋徽宗自己就是一位点茶大师，他详细记载了点茶的方法和心得——

先将茶饼用砧椎捶开，用茶碾碾碎，再用茶箩筛两次，茶末越碎越好。把茶末在茶盏中用水调成膏状，然后用滚水注入。同时用茶筅（xiǎn）搅拌，搅拌的力度手法都很重要。行家都是根据茶量加水，把茶膏调得像炼蜜融胶。

第一次加水时沿着茶盏周壁注下，一定要轻柔，仿佛害怕"惊动"茶膏一样。同时用茶筅轻轻搅动茶膏，慢慢开始击拂，手势要轻柔灵活，但茶筅要下得重，手指与手腕协调一致，环绕旋转，将茶膏搅透。这时茶膏就像面里加了酵母开始发起来一样，疏星朗月般的大小泡沫零星闪现，点一盏好茶的基础就打下了；

第二次加水要在茶面上画出一圈，速度要快，水落而茶面不动。同时茶筅的击拂要准确有力，这时茶色晕染开来，泡沫清晰如珍珠；

第三次注水要稍微多一点，同时继续以茶筅击拂，渐渐收力，力道轻而匀，回旋反复，上下通透，细小的泡沫如粟米、如蟹眼，密密泛起，茶色已经得十之六七；

第四次注水要少，茶筅击拂的幅度要大而速度放缓，茶膏已完全溶解，汤色清澈，光泽焕发，汤面上的"云雾"渐渐形成；

第五次注水可以快一点，茶筅动作要轻、要匀，每一下都要搅透，如果觉得茶汤"云雾"还未完全形成，则稍微用力击打使之焕发。如果已经"云雾"缭绕，则轻轻拂拭以收敛之，使"云雾"凝结在茶面上，如霜凝雪结，又如烟笼霭聚，茶汤也呈现出最佳的色泽；

第六次注水是为了让"云雾"最终成形，如果云雾中有凝结的斑点，则以茶筅轻柔地拂散；

第七次注水是为了使茶汤的浓稠度达到完美，上清下浊，悬浮停当，茶筅就可以收了。

这时茶面上"云雾"汹涌，几乎要从茶盏中溢出，摇曳回旋，而又恰恰在茶盏中，仿佛纹丝不动，这叫"咬盏"。

然后就可以享用那一盏柔和轻盈、云蒸雾绕的好茶了。

看完这段话，觉得美吗？真的是太美了！一盏茶怎么可以美成这样！但是，实话实说，我根本没怎么看懂。

所谓"不明觉厉"大约就是这个意思——不，这里应该是"不明觉美"。

如果说陆羽的煮茶之道我还能连猜带蒙揣摩一二的话，到了徽宗陛下的点茶心得，茶道已经成为一门太专业高深的技术和艺术，外行人只能瞠目结舌。

这里所谓的"云雾"，亦称"云脚"，似乎是陆羽所谓的"沫饽"，但我觉得又不全是，应该是氤氲在茶汤表面上一层更轻柔更空灵的水雾和细沫的混合体，接近于有形的"茶气"。据说当时点茶的高手，能通过拂击云脚在茶汤表面形成山水楼台、花鸟草木，甚至整首的诗词……这已经不仅是艺术，而是近于幻术了。

当时还盛行"斗茶"。评判高下一是看茶汤的颜色，二是看沫饽和云雾的颜色与质地，纯白为上，青白次之。而最重要的是看云雾"咬盏"的姿态与维持的时间，云消雾散时，在茶盏内壁会留下水痕，先出现水痕的一方就输了。这就是为何当时茶盏崇尚用黑釉瓷——黑釉便于观察水痕。

据说有顶级高手，即使云雾消散，也完全不留水痕。这哪里是高手，这应该是魔术师了。

至此，茶道之精巧、雅致、优美和奢华，我觉得已经是无以复加了，一如那个中国历史上最美的朝代。

然而，正如世间一切到了极致的美，多少总会让人感到几分悲凉。就像有诗人说过，每当看到怒放的花，他都会看到绝望方才离开。但即便这种"物哀"的悲凉，也为那份美增添了光彩和分量。以至于千年后的我读到与之相关的种种记载，不禁会生出一种如此的美注定烟消云散的宿命之感。

最终的结局我们都知道，这世上最美的茶，和许多同样美好的事物一样，随着战火硝烟、朝代更迭，消失在了历史深处。新一朝的天子朱笔一挥，"罢造龙团"，从此它就只存在于文字和传说之中了。

一种茶的消失，是无法挽回的遗憾。然而这是历史做出的选择。好在尽管龙团不再，茶却仍在。

七、云雾散尽之后

明代开始，散茶大行于天下。简单随意沸水冲泡的瀹饮法，取代了唐时的煮茶和宋时的点茶。茶叶在茶汤中舒展身姿，呈现出植物的本来面目，茶汤也不复沫饽和云雾的掩映，以清澈的质地与色泽示人。中国茶和茶道，经历了一次返璞归真的脱胎换骨。

当然，这种改变并非一朝一夕而成，明代最有影响力的茶人——宁王朱权，在《茶谱》中还兴致盎然地记载了各种点茶用的茶具及制法。

可见在朱权的时代，点茶法仍然有一定的市场。朱权将之进行了一系列简化，他称为"烹茶之法"，"崇新改易，自成一家，以遂其自然之性也"。茶在朱权手中，对技巧和手法的钻研，变成了对品茶时宾客、时节、环境、情景、话题和风度的强调。

朱权之后，明代的一系列茶书，都是点茶与煮茶、瀹茶并行，但越来越倾向于瀹茶。到嘉靖年间，名士田艺蘅作《煮泉小品》，就已经完全不提点茶法了。

仿佛是为团茶和点茶退出历史舞台"盖棺定论"，田艺蘅写道："茶之团者、片者，皆出于碾硙（wèi，使物粉碎）之末，既损真味，复加油垢，既非佳品，总不若今日之芽茶也。盖天然者自胜耳。……且末茶瀹之有屑，滞而不爽，知味者当自辨之。"

推崇"芽茶"，也就是散茶的同时，田名士还吐槽了一下团茶。再到他之后，写茶书的名士们，对团茶和点茶就连提都不提了。到这时，茶最终呈现出了今天我们所熟悉的样子。

而大大简化的品饮程序，使得上至天子、重臣、名士、诗人，下到贩夫走卒、寻常百姓，"随手一杯茶"成为可能，成为日常。至此，茶才算是真正地、大规模地、彻底地，进入中国人的生活，成为我们每个人的日常。

这种"天然者自胜"的返璞归真，并不是一种简单粗疏的"简化"。事实上，无论是茶的品种，还是冲泡方式，以及与之相适应的茶器茶具，自明代之后，迎来了新一轮蓬勃的发展，直至今天。

我觉得这种"简单"和"自然"，更像是《菜根谭》中所说的"文章做到极处，无有他奇，只是恰好"。而码字的朋友们都知道，这种"只是恰好"的境界，要比一味才气纵横或尖新奇崛更难得到。

我们的茶道，走过了绝美之境，来到了"俱道适往，着手成春"的从容自在之地。

在这样的过程中，我们感受到的是一种文化的生机与力量，不仅仅在于能够创造出最极致的美，亦能承受这种美的幻灭和消亡，并一次又一次地从山穷水尽处重生，而每一次重生都脱胎换骨、万象更新。

简单地用"美"，或者"真"，或者"自然"来定义这种文化精神未免肤浅，定义茶文化也是如此。在本质上，它是一泉活水，一方云天，一片广袤而丰茂的大地，所有的美与真与自然，都能够在其中恣意生长，生生不息。

就是这样，我所爱的茶，经历时间长河的洗礼，呈现出我最熟悉与最爱的样子。

第三章：那些爱你的人和他们的故事

来聊一聊中国历史上的"茶人茶事"，如题：那些爱你（茶）的人和他们的故事。

问题是，茶的历史如此之长，爱茶的人那么多，他们的故事可谓"罄竹难书"，该如何取舍呢？

确实难以取舍，但这种"苦恼"又未尝不是一种快乐，看到那些往昔时光中的人们，也曾和自己有着同样的小嗜好和小沉迷，也曾把生命"浪费"于这样的美好中，就仿佛在茶气的氤氲芬芳之间，与古人的灵魂有了某种共鸣，这是多么让人喜悦的感受。

一、一场玩笑，千古茶名

王家人喜欢喝茶似乎是传统，如前面我们讲过制造"水厄"的名士王濛，以及将茶唤作"酪奴"却又带动了北方饮茶风气的名臣王肃。但在他们之前，还有一个更早的"王家人"，以一种非常有趣，同时又略显尴尬的方式，在中国茶史上留下了非同凡响的一笔。

这个人叫作王褒，西汉著名学者、文人、辞赋家。

王褒出生在四川资阳，早年经历和中国历史上许多留下名字的文人大同小异：少年丧父，家境贫寒，事母至孝，耕读不辍。在他的家乡至今还保留着他年少时刻苦攻读的遗址：墨池坝、书台山。

这样的遗址和传说寄托着中国人"望子成龙"和"看看别人家孩子"的惯常心态，神州大地俯拾皆是，听听就好，不必较真。

当然，王褒成年后也确实才华横溢，他先得到益州刺史的赏识，而后成为汉宣帝的文学侍从之臣，与西汉末年另一位辞赋大家杨雄齐名，并称为"渊云"（王褒字"子渊"，杨雄字"子云"）。

虽然也应制写一写如《四子讲德论》《圣主得贤臣颂》之类的"大手笔"文章，但王褒更擅长写清丽婉转的小赋，一洗汉赋繁复堆砌、鸿篇巨制的风气，不仅当时粉丝无数，在文学史上也留下美名。

然而时至今日，王褒的名字和他那些纤巧细腻、趣味盎然的小赋，以及他在文学史上的地位，除了专业研究者和深度爱好者之外，几乎已经无人知晓。可任何时候，只要讲起中国茶的历史，就要把他，他的一段风流韵事，还有一篇游戏文字，拎出来大书特书一笔。

事情是这样的——

王褒有个红颜知己，名为杨惠，是个寡妇。王褒到她家做客时，让她家一个叫"便了"的仆人去买酒。

这个便了使唤起来十分不便，不但给王褒脸色看，还跑到杨惠亡夫的坟头发牢骚："您老人家买我时，只说让我守家，没说让我给外头来的男人买酒！"

王褒大怒，这种仆人不卖掉还留着过年吗？

杨惠说，此仆顽劣，无人敢买。

王褒说，那我就买了。

便了说，买我没问题，但是所有要我做的事儿，都得合同上白纸黑字写清楚，但凡合同没有写的，我就不干。（这样看来是一个很有法治观念和契约精神的熊孩子嘛。）

王褒原本就是码字出名的，皇帝面前都下笔千言倚马可待，写个合同不在话下。他提起笔来洋洋洒洒地列项目：从早到晚、一年四季、城中村里、鸡毛蒜皮……一直把便了给写哭了，"仡仡扣头，两手自搏，目泪下落，鼻涕长一尺：'审如王大夫言，不如早归黄土陌，丘（蚯）蚓钻额。早知当尔，为王大夫沽酒，真不敢作恶也。'"

这就是茶史上大名鼎鼎的《僮约》。

不管怎么看，这都是一篇文字游戏，文人才子"我打不服你说晕你"的代表作。王褒动笔的时候，估计无论如何也没料到它会流传下来，才会写出"鼻涕长一尺"这种搞笑的句子，也毫不讳言便了跑到杨惠亡夫的坟头发牢骚之事。

但历史有时候就是这么促狭、这么"坏心眼"，王褒那些精心推敲的优美文字淹没在故纸堆中，而他这篇不加修饰的游戏之作却长久地流传下来，传播甚广。

原来在这篇文章里，王褒两次提到"茶"，"脍鱼炰（fǒu）鳖，烹茶尽具""牵犬贩鹅，武阳买茶"。而联系上下文，又经过历代学者反复考据论证，在那个"茶"和"茶"还没有分家的年代，这两个"荼",确定无疑指的是"茶"。

这是中国历史上、同时也是世界历史上最早的确凿的关于饮茶和买茶的文字记载。

"烹茶尽具"意味着当时已经有了成套的茶具,那么也就应当有相应的煮茶流程;而"武阳买茶"意味着当时已经有"地方名茶",并形成了一定的茶市和茶叶贸易。

难怪后世的茶人和研究者会如获至宝,捧着王褒的这篇游戏文字仔细研读,一说起中国茶史,言必称《僮约》。

我想,如果王褒泉下有知,他的心情一定是复杂的。

汉代辞赋家最讲究文字的优雅华美,赋也许是中国文学史上最具炫技美感的一种文体。而作为汉赋的代表人物之一,他流传最广、最为人津津乐道的,却是一篇写着"鼻涕长一尺"这种句子的"大作"。以码字者的尊严设身处地想想,都恨不得找块豆腐撞一撞。

但与此同时,王褒生于蜀地,那是中国最早盛行饮茶之风的地方,想必他也是一个爱茶之人,想必那武阳买来的佳茗,也曾陪伴过他年少时苦读的时光,点缀着他成名后意气风发的日子。

那么,作为一个爱茶人,能在中国茶史上留下这么一笔,能成为中国历史上第一个留下确凿"茶"事的茶人,这样的身后事,似乎也很值得欣慰啊。

我想，最终王褒还是会一笑置之的，我对爱茶之人的豁达与胸怀有信心。爱茶的人生，总会多一些玩笑乐趣，少一些计较纷争。

二、封神的孤儿

我看陆羽，看到的是一个被命运和世态炎凉所伤害，却又被茶抚慰、浸润，最终寻到安宁的灵魂。而这个灵魂，在后世的爱茶人心目中成为神。

他的经历曲折坎坷，三岁时成为孤儿，被竟陵（今湖北天门）龙盖寺的高僧智积禅师收养。据说他的名字来自《易经》"渐"卦：鸿渐于陆，其羽可用为仪。于是以"陆"为姓，取名"陆羽"，字"鸿渐"，小名"渐儿"。

后来陆羽在一篇《陆文学自传》中回忆往事，说自己"不知何许人"，一个找不到根的孩子苦涩的自嘲；还说自己"有仲宣、孟阳之貌陋；相如、子云之口吃。而为人才辩笃信，为性褊（biǎn，通"偏"，气量狭小）噪，多自用意；朋友规谏，豁然不惑。凡与人宴处，意有所适，不言而去；人或疑之，谓生多嗔。及与人为信，虽冰雪千里，虎狼当道，不愆（qiān，耽误）也"。

寥寥数笔，勾勒出他自卑而又骄傲、敏感而又执拗的个性。这种个性，也许半是天性使然，半是童年经历造就。他自嘲，觉得自己丑陋、口吃、坏脾气，不懂得与人相处。但又说，只要朋友肯给一两句良言，他立刻心悦诚服。这是一颗灼热的心裹在倔强生硬的外壳下，只要一点点善意，哪怕相隔千里、漫天冰霜，虎狼当道，他也不会辜负约定。

含糊低微的出身，加上执着又别扭的个性，似乎注定要在人世间碰得头破血流。年少时的陆羽，也许是因为对命运的愤懑和不甘，也许是年轻人的叛逆，不肯向佛，不愿青灯黄卷了此一生。这让收养他的智积禅师很是灰心，于是百般磨砺他的性情，"历试贱务，扫寺地，洁僧厕，践泥圬墙，负瓦施屋，牧牛一百二十蹄"。

苛刻繁重的劳作之外，禅师还试图阻断他的向学之心。陆羽日后回忆了一件往事，让人觉得格外心酸：一位读书人好心送了他一卷张衡的《南都赋》，他小心收藏，珍若拱璧，"但于牧所仿青衿小儿，危坐展卷，口动而已"。——放牧的时候，他就模仿那些读书的小孩子，端端正正地坐好，展开纸卷，假装自己在诵读，但其实只是嘴唇翕动而已。因为那上面的字，他一个也不认识。

其实陆羽年幼时是学过字的，也许学得不多，但他格外珍惜，没有纸笔，他就在牛背上反复比画，把它们牢记在心，日复一日，几乎有点神经质地抓住早年学得的只字片语，"或时心记文字，懵焉若有所遗，灰心木立"，偶尔仿佛觉得自己忘记了什么，就心灰意冷、魂不守合。又因为这样的古怪举止而遭到鞭笞，他被打得如此厉害，连笞杖都打断了，"主者以为慵惰，鞭之……鞭其背，折其楚"。他看不到前途，忧心时光无情，无论多么努力想要记住所学，还是会渐渐遗忘，直至成为一个无知之人，心念至此，痛哭失声。"因叹云：'岁月往矣，恐不知其书。'呜咽不自胜。"

最后，陆羽逃走了，"因倦所役，舍主者而去，卷衣诣伶党"，投奔了一个戏班子。智积禅师终于不再执着于让这个倔强的孩子向佛，亲自追出山门，追上了陆羽，说："今从尔所欲，可捐乐工书。"——我不再逼迫你了，你可以做你想做的事，不要再和乐工们混在一起了。

禅师的一片苦心让人动容，但是陆羽没有回头，他从佛寺走向了江湖。一路历经坎坷，有人赏识他，有人羞辱他，有人善待他，有人欺压他……许多年后，佛寺中的孤儿成为一代名士，"名僧高士，谈宴永日，常扁舟往来山寺，随身惟纱巾、藤鞋、短褐、犊鼻。往往独行野中，诵佛经，吟古诗，杖击林木，手弄流水，夷犹徘徊，自曙达暮，至日黑兴尽，号泣而归"。——尽管生活悠闲风雅，但那个敏感、倔强而热烈的灵魂仍然不快乐，常常独自徘徊在旷野山林中，每到日暮时分，归途中不禁痛哭失声，一如当年那无助的少年。

这样的痛哭，让人想到"竹林七贤"中的阮籍，那也是一个在苦闷中放纵佯狂的灵魂，"时率意独驾，不由径路，车迹所穷，辄恸哭而反"。

很难说清楚他们为什么痛哭，哭不得不回头的死路？哭看不清前途的人生？哭虚掷空抛的时光、无从施展的抱负和凋零的梦想？还是哭人生的局促和世事的无常？

这样的痛哭，大概唯有茶能够平复与抚慰。

现在已经无从考证茶究竟是从何时开始走进陆羽的生活。也许儿时在寺院里，他就开始学习烹茶。佛教自传入中国后，迅速与茶结下了不解之缘，和尚们参禅打坐，往往借助茶来提神解乏。禅宗兴起之后，茶更是与禅相辅相成，"禅茶一味"。一个在寺庙中长大的孩子，成为茶道高手几乎是顺理成章的事。

也许是在他结识了诗僧皎然之后，对茶有了更多的兴趣和了悟。皎然和尚比他大二十多岁，以擅诗和好茶著名，他最有名的一首《〈饮茶歌〉诮崔石使君》，读来茶气与诗意斐然——

越人遗我剡溪茗，采得金牙爨金鼎。

素瓷雪色缥沫香，何似诸仙琼蕊浆。

一饮涤昏寐，情思爽朗满天地。

再饮清我神，忽如飞雨洒轻尘。

三饮便得道，何须苦心破烦恼。

此物清高世莫知，世人饮酒多自欺。

愁看毕卓瓮间夜，笑向陶潜篱下时。

崔侯啜之意不已，狂歌一曲惊人耳。

孰知茶道全尔真，唯有丹丘得如此。

值得注意的是，在这首诗中，最早出现了"茶道"二字。

和皎然的忘年交，大概是陆羽坎坷人生中最值得珍惜的美好记忆。皎然圆寂后葬在湖州，陆羽人生的最后五年就在湖州皎然塔边隐居，死后也葬在那里，这不仅是忘年之交，更是生死之交了。

但是茶带给陆羽的并不全是美好的回忆。《新唐书》中记载，御史大夫李季卿到江南，招擅茶的名士伯熊煮茶，伯熊衣冠楚楚，茶器精洁，一边煮茶一边侃侃而谈，李季卿身边的人都大为佩服。

但茶煮好后，李喝了两杯就不再喝了，估计是觉得不过如此。于是又有人向李推荐陆羽，李再三恳请，陆羽才来，穿着随意，茶具普通，煮茶手法和伯熊也没什么区别。李就不大瞧得上他，茶煮好后，尝都不尝，让下人取了三十文钱打发走陆羽。

陆羽深感屈辱，写了一篇《毁茶论》，发誓再不煮茶。

这篇《毁茶论》没有流传下来，我们无从知道他的愤怒和挫败感。但我们知道他并没有真的放弃茶，因为他最终流传下来、脍炙人口的，是一部被爱茶人奉为圣典的《茶经》。

我们了解一个历史人物，在他的传记、野史、传说甚至自传之外，更应该从他的文字中去寻觅和把握。他是一个什么样的人，他有着怎样的性情和心境，经历过什么，得到了什么，失去了什么，都会反映在文字中。尤其是他长时间投入大量心血的文字，它们很难作伪，更无从掩饰。

陆羽的《茶经》，尽管所记载的茶大多已不复存在，煮茶法也早就过时不用，制茶的方式也与今日大相径庭，茶器和茶具中的许多也已经被淘汰，但是，仍然被一代又一代爱茶人奉为圭臬，爱不释手。

不仅因为它是中国历史上的"第一部"，更因为这是第一次有人以如此郑重、珍视和虔诚的心情，记录他所知所得所感所悟的，关于茶的所有的事。

字里行间，陆羽对茶的爱与沉迷，以及由此而来的观察入微、细致准确，诉诸笔端的快意、享受和美感，隔着一千多年，仍能让我们感受到那份热切和执着。那仍然是我们熟悉的渐儿，貌陋、口吃、执拗、敏感，一旦遇到真正值得珍惜爱护的东西，"虽冰雪千里，虎狼当道，不惩也。"

但其中又有什么，已经完全不同了，再没有愤懑与不甘，再没有自卑与别扭。他把关于茶的一切娓娓道来，如此轻松、优美、快乐而风趣，虽然也偶尔夹杂着一两句吐槽和抱怨。仿佛可以想见他落笔时脸上的笑意，眼睛里的光芒。那是一个人写到真正所爱之事时才会有的神采与文采，那个貌陋口吃的渐儿消失了，人们看到的是风华绝代的茶神陆羽。

在这本书中，他终于与他的人生、他的命运和解了，一生的辛酸坎坷、是非曲直，在茶气的氤氲和沫饽的芬芳中，化作一片清明平和、风趣通透。

到这时，他心中已经没有了怨怼和愤懑，即使是早年经历的苦楚，在回忆里也平复了棱角和苦涩，变成了值得珍惜的美好往事。

传说代宗李豫曾经召智积禅师入宫，每日奉以宫中煮茶高手烹制的好茶，但禅师从不说什么。直到有一天，禅师捧起茶盏喝了一口，立刻惊喜地问："渐儿何时归来（渐儿什么时候回来的）？"

皇帝问他何出此言，他说，刚才那一盏，是"渐儿"煮的茶。这时陆羽出来，拜倒在地。这一盏茶，确实是他煮给师父的。

这个传说真假不论，但给人的感觉如此温馨美好。在这个传说里，智积禅师不再是陆羽早年自传中对他百般砥砺的严厉家长，而是在他三岁时将他领进寺中，抚养他长大的慈父。那一句"渐儿何时归来"，舐犊之情让人动容。

也许这个故事只是传说，但在陆羽晚年，他确实写下这样的诗句——

不羡黄金罍，不羡白玉杯。

不羡朝入省，不羡暮入台。

千羡万羡西江水，曾向竟陵城下来。

世间的是非荣辱，财富，名声，权势，他都已看淡，念念不忘的却是儿时生活过的竟陵城。那个他年少时一心要逃离的地方，最终却成为魂牵梦萦的故乡。

这是一个人和茶"一生的故事"，我们不知道这个故事从何开始，但知道它的结局。茶的清冽芬芳抚慰了饱经磨难的心灵，茶的恬静平和，最终将一个曾经迷茫的痛苦灵魂，带到了清明高远、快乐自在的人间胜境。

这样的故事，我们在之后的历史中，还将一次又一次遇到，而这也是与茶相关的往事里，最让我着迷的地方。

三、茶史幸有此人

接下来我们说说蔡襄的故事。

蔡襄，字君谟，北宋名臣和大书法家。在他生活的北宋后期，连着出了三个位至宰相的蔡姓奸臣：蔡确、蔡京、蔡卞，还都是他的同族兄弟。这样就把他也给"裹挟"了进去，以至于后人提及的时候，稍微粗心点的人，就会把他也当成了"三蔡"，还有高俅、童贯一伙儿的。

这真的挺冤，因为蔡襄其实是个能臣，也是个妙人。

先说"能臣"的一面，他曾任福州和泉州知州，移风易俗，劝农课桑，修水利，搞绿化，极得民心。据说当时从福州到泉州七百多里，路边都是他在任时下令栽种的松树，以保护水土，荫庇行人。当地有童谣流传："夹道松，夹道松，问谁栽之？我蔡公。行人六月不知暑，千古万古摇清风。"

他还主持修建了有"中国第一跨海港石桥"之称的万安桥，这座桥有许多创新，被现代土木专家茅以升先生称作"福建桥梁中的状元"。据说还是蔡襄首创了在桥基上养牡蛎，以巩固桥基、减缓水流的做法，一不小心就成了世界上第一次将生物学运用于建筑的成功案例。至今九百多年过去了，万安桥还在使用，桥头仍矗立着蔡襄像和蔡公祠。

可见以官声政绩论，蔡襄和他那些不成器的族兄弟们实在不可同日而语，简直是北宋后期众位蔡相中的一股清流。

也正因如此，他得以入选宋代书法四大家。

宋书四大家"苏黄米蔡"——原本这个"蔡"是蔡京，但因为蔡京人品实在太差，后人就不动声色地把他换成了蔡襄。

必须承认，蔡京的书法极为出色，也许可以算是宋代第一人。人们说到蔡京的字，用的都是"冠绝古今""无出其右"这种夸张的形容。就连眼睛长在头顶的米芾也承认，蔡京的字比自己的字好。他甚至还认为自晚唐柳公权之后，就数蔡京的字最好了。

所以蔡襄靠人品挤掉蔡京，以"李代桃僵"的方式进入"宋书四大家"，似乎很有点不可言说的别扭。不过蔡襄的字也非常好，据说蔡京年少时还向他学过书法。他也有"死忠粉"，如苏东坡、黄庭坚，把他推为"当朝第一"。

不敢说自己懂书法，但我看两人的字，确实觉得蔡京更胜一筹。蔡襄的字优雅、舒展又妩媚，有种让人赏心悦目的精妙的控制感；但蔡京的字里多了一种可以称为"逸气"的潇洒，更自在，更无拘束。——也许是因为他为人处世更无所顾忌。

有一个关于蔡襄书法的传说，颇能说明他的风格。

当时大名鼎鼎的"三朝宰相"韩琦回乡养老，修了一座"昼锦堂"，打算在堂前立块碑，回顾人生展望历史什么的。碑文由欧阳修撰写，蔡襄手书，再加上韩琦的事迹，一时人称"三绝"，这就是著名的"昼锦堂碑"。

据说蔡襄写碑文时，每个字都认真地写上几十个，挑出其中写得最好的拼凑而成，因此这块碑又叫作"百衲碑"——都说这是因为蔡襄仰慕韩琦，郑而重之。可我不禁要疑心他莫非是个处女座？

可以想见，这样写成的碑文，每一个字都几乎无可挑剔，但其中必定会缺少某些气韵与流畅感。这是性情使然，与天分、阅历和修为的关系已经不大了。

关于蔡襄，还有一个好玩的传说，说他留着一把漂亮的胡子，有一天仁宗皇帝好奇地问，蔡卿晚上睡觉的时候，胡子是在被子外面还是里面呢？这下把蔡襄问蒙了，晚上回家躺下，觉得胡子怎么放都不对，折腾得一晚上没合眼。（我就怀疑他是处女座嘛。）

这是一个老笑话，会安到蔡襄头上，大概就是因为他那种细致、较真、执着又略有些拘谨的性情。

这种性情，于书法一道，或许会妨碍他由出色进阶到绝佳。但是对于宋代茶和建州茶（也就是福建茶）却是千古幸事，可以说，没有蔡襄，就没有历史上美轮美奂的"龙团盛世"，也没有福建茶延续至今的辉煌。

庆历年间，蔡襄任福建转运史。因为当时福建建州有种植和制作贡茶的"皇家茶园"，因此"福建转运使"通常还要负责"监制御茶"。

建州茶在唐代就很有名，五代时，割据江南的国家，如闽国、南唐，都在建州建安县凤凰山设皇家茶园。因为在闽国北部，所以这茶园又称"北苑御茶园"，这就是大名鼎鼎的"北苑茶"。"大龙团""小龙团""胜雪龙团"，以及众多宋代的名茶，都产自这里。

同为北苑茶，也有细致的划分，有正焙，亦称龙焙，专供皇家；内焙，赏赐重臣；外焙和浅焙，作一般赏赐用。这些都属于"官焙"，在以凤凰山东山十四焙为核心的方圆三十里内。这个区域之外出的茶，就不是"官焙"，而是"私焙"了。

理论上来说，这些"私焙"茶不能被称为"北苑茶"，但想也知道，它们必然会搭上皇家茶园的名头标榜正宗。总之，在北苑茶最盛之时，有三十二官焙，一千三百多私焙，一年产茶三百万斤。可想而知，要管好这座山头，"监制御茶"，还要做出成绩，非能臣不可。

在蔡襄之前，丁谓监制御茶，制大龙团，因此说到北苑茶，一般会将二人相提并论，称"前丁后蔡"。对蔡襄来说这又不是什么好事儿，因为丁谓也是"名垂青史"的一代奸臣。于是后世稍微粗心点儿的人，又会把蔡襄和丁谓"同流合污"。——说起来蔡襄真是命犯奸臣，总是机缘巧合与各路奸臣同框。

丁谓此人，史书记载聪明绝顶，无所不能，尽管是奸邪小人，但确实能干。他监制御茶成绩斐然，建州龙凤团茶成为贡茶，就是从他制了四十饼大龙团进献开始的。后来丁谓任参知政事（相当于副宰相），封晋国公，时人都说是用那四十饼大龙团换来的。

他还写了本《北苑茶录》，可惜后来失传，据说详细地记载了北苑茶的种植和制作，并有配图详解。

在丁谓之后，蔡襄做得更出色，后人公论"北苑大小龙团，起于丁谓，成于蔡君谟"。在蔡襄监制御茶期间，北苑乃至整个建州，种茶和制茶工艺达到了前所未有的高峰，"品牌建设推广"也登峰造极，所谓"名益新，品益出""益穷极新出，而无以加矣"。不仅缔造了被称为"龙团盛世"的茶史传奇，福建茶之盛直至今日，蔡襄也是功不可没的。

这样说吧，品茶、赏茶、斗茶、玩茶，要的是才气纵横、逸兴横飞的诗人才子、名士高僧，甚至宋徽宗这样的风流天子；辨茶别水、品评高下，要的是陆羽这样爱茶成痴的茶神。

但要管理好一时一地的茶叶生产，并打造"北苑茶""建州茶"这样流传千古的口碑，需要的是丁谓、蔡襄这样擅长庶务的能臣，既有经营治理的才干，又有钻研业务的能力和劲头。

在这方面，蔡襄更胜一筹。要知道，他在福建管了一阵子荔枝进贡，就钻研出了一本《荔枝谱》；在泉州兴水利，一不小心就成了桥梁专家，还搞出个"世界第一"。——可见他多么擅长业务学习。

这种"工匠精神"，于文学风雅一道，可能显得有些无趣，甚至妨碍了蔡襄在书法上更进一步，但是对于福建茶乃至中国茶，却是何等的幸事。

更何况，蔡襄与丁谓不同，他还是一个真正的爱茶人。

当然我们不能草率断定丁谓就不是爱茶人，只是考察他的生平和文字，茶之于他，更像是歌功颂德、溜须拍马和自我标榜的工具，蔡襄则留下了许多与茶相关的逸事和诗文。（有趣的是，"溜须"这个词就是从丁谓来的，某次宴会上，寇准的胡子沾了汤水，丁谓立刻上前殷勤擦拭。寇准就笑话他："参政，国之大臣，乃为长官溜须耶？"）

蔡襄擅长品茶，已经到了"传说"级别。据说他与朋友相约品小团茶，还没喝上，又来了一人，于是上了三盏茶。蔡襄刚喝一口，就说，这不是纯净小团，一定掺了大团。

另外两人不信，叫奉茶的童子来问，童子承认碾了只够两个人喝的小团茶，又来了个不速之客，来不及再碾，就抓了把之前碾好备用的大团茶。

还有一个故事更神，说是建安能仁寺有私家密制好茶，名为"石嵒白"，一年出八饼。僧人们送了四饼给蔡襄，又送了四饼给一代名相王珪，两人彼此并不知情。

过了一年多，蔡襄拜访王珪，王让子弟挑一款好茶奉上。茶上来，蔡襄还没尝，就说，这不是建安能仁寺的"石嵒白"吗？您从哪里得来的？王还不知就里，命人取茶帖来一看，果然是"石嵒白"。

辨香闻味就能知茶，还是如此生僻的茶。难怪当时人说，"议茶者，莫敢对公言"。——遇到蔡襄，谁都不敢说自己懂茶。

蔡襄不仅擅长品茶，也是点茶高手。宋人笔记小说记载蔡襄与诗人苏舜元斗茶，两人用的茶不相上下，蔡襄的茶似乎还更好一些，但最后苏舜元胜出，因为蔡襄用的惠山泉水，而苏用的是"天台山竹沥水"。

虽然记载的是蔡襄斗茶失败的故事，但可以想见他的茶道水平。而且我私心觉得，以"竹沥水"点茶，未免流于奇技淫巧，总不如惠山泉正大光明。

蔡襄还有一封致友人的书信，流传至今，名为《思咏帖》。其中他以难得的八卦口吻说："唐侯言：王白今岁为游闰所胜，大可怪也。"说的是年度斗茶比赛的白茶环节，王家茶输给了游家茶，想来蔡襄是支持王家的，所以觉得"大可怪也"。以他严谨端方的性子，特意在书信中八卦一笔，可见关心程度，也可见爱好程度。

爱茶之人都有一个毛病，喜欢给人送茶，蔡襄也不能免俗。他有《精茶帖》传世，是写给太尉李端愿的，曰："襄启：暑热，不及通谒，所苦想已平复。日夕风日酷烦，无处可避，人生缠锁如此，可叹可叹！精茶数片，不一一。襄上，公谨左右。牯犀作子一副，可直几何？欲托一观，卖者要百五十千。"

这封信读来极富趣味，他先谈天气，又谈人生，随信送上几片茶，还拜托李帮他给一件器物（好像是棋子）估个价。值得注意的是，他很实诚地把送给朋友的茶称为"精茶"。

同样在《思咏帖》中，他写道："大饼极珍物，青瓯微粗。"——我送您的"大饼"可是难得的好茶，青瓷茶瓯稍微粗了点。言下之意是，您可别把这茶饼随便送人了，要送就送茶瓯好了。

真的，我特别理解这种心情，爱茶人喜欢送茶，更怕送出去的茶"明珠暗投"。对人夸耀自己所赠之物，似乎不合敦厚谦恭之道，但如果送的是茶，那是一定要说清楚的。

蔡襄还著有《茶录》，这是陆羽的《茶经》之后最重要的一部茶书，在它之后，各种各样的茶书就如雨后春笋般冒了出来。

对这本书，蔡襄定位清晰，在《茶录序》中，他说："昔陆羽《茶经》不第建安之品；丁谓《茶图》独论采造之本。至于烹试，曾未有闻。"就是说陆羽的《茶经》记载的都是过时的茶品，未写福建之茶，而丁谓的《茶图》只讲采茶制茶，不谈点茶品茶，所以他要把所有和茶相关的环节及注意事项都写清楚。——不整虚的，全是干货。

整本《茶录》不过一千二百多字，却从种茶、制茶、藏茶，到品茶、鉴水，再到茶器茶具，简练清晰，精准到位，不愧是"疑似处女座"的蔡君谟的风格。

《茶录》不但是一部难能可贵的茶学著作，还是书法史上的珍品。蔡襄一生多次手书《茶录》，内容上不断完善，同时见证了他在书法上的精进过程。可惜现在我们已经看不到任何一稿的真迹，流传下来的只有后人翻刻的拓本。

同样的遗憾还有他的《北苑十咏》，据说那是蔡襄小楷的巅峰之作，如今流传下来的也只有翻刻拓本。

好在他诗中所描写的北苑山水之美和采茶品茶之盛，以及《茶录》中的茶香茶韵，并没有因书法的失传而磨灭，一直流传到了今天。

《北苑十咏》中，我最喜欢《试茶》一首——

兔毫紫瓯新，蟹眼青泉煮。

雪冻作成化，云间未垂缕。

愿尔池中波，去作人间雨。

纯以诗论，仍然过于中正，稍逊风流，但其中有一种风雅的大气。"愿尔池中波，去作人间雨"，写的是茶盏中云雾汹涌，想的却是让此种清味与芬芳泽被天下。这样的胸襟抱负，于茶而言，是最为难得的茶中"大臣之心"啊。

然而，如此爱茶和懂茶的蔡襄，到晚年却因病不得不戒茶。在病中，实在渴茶时，他便让人"烹而玩之"，把茶煮好了给他把玩，聊慰相思。苏东坡说得有趣，"老病不能复吟，则把玩而已，看茶而啜墨"。

昔年王羲之读帖写字入迷，把墨汁当作蘸汁吃了，传为美谈。到蔡襄晚年，却只好反过来，看茶过瘾，"啜墨"则是句玩笑。——而这玩笑却又让人觉得伤感。

正如蔡襄晚年的诗句，"衰病万缘皆绝虑，甘香一味未忘情"，老病缠身之际，什么都可以放下，唯独茶的那一缕甘美清香，不能忘情。对于一个爱茶人来说，这样的结局，似乎有些残酷。

但有时我又会想，尽管他钟爱一生的茶并未陪伴他到最后，尽管他开创的"龙团盛世"终归是烟消云散，尽管《茶录》中关于茶的记载仍不免过时，尽管"北苑御茶园"今日已难寻遗迹……但作为一个爱茶人，蔡襄的一生，仍然是值得羡慕和敬仰的吧。

而最为难能可贵的，是他在留下那些关于茶的著述、诗文和传说的同时，也实实在在地为茶的种植、生产和发展作出了不可磨灭的贡献。

茶史幸而有蔡襄。

四、英雄末路有茶香

古今中外所有的茶人中，我最想写的是朱权的故事。

我不止一次地想，等阅历和文字更成熟一些的时候，等对历史和茶的了解与感悟更多更深一些的时候，等稍微能真正把握一点传统文化精神的时候，也许我会试着写他一生的故事。

写他安宁优渥的童年生活，开国君王倍受宠爱的小儿子——朱权是明太祖朱元璋的第十七子。史书记载他聪明好学，文武双全，而从他日后的表现与成就来看，这绝非史家溢美奉承之词。

写他意气风发的少年时代，朱权十三岁封宁王，十五岁前往藩地大宁，此处是北方重镇，扼守关塞，年少的宁王"统塞上九十城，带甲八万，革车六千，所属朵颜三卫骑兵，皆骁勇善战"。——历史上大名鼎鼎的"朵颜三卫"在他麾下，广阔的塞外任他驰骋，这大概是每一个少年梦寐以求的人生。

也许还会写他的爱情，虽然正史只写了他的正妃张氏"先薨"，但他生平中有的是供后人发挥想象的空间：据记载宁王"体貌魁伟"，纵马塞外之时，有没有明艳热烈的蒙古姑娘倾心于他的勇武？日后流连江南的日子里，有没有清丽温婉的水乡佳丽安慰他的寂寞？还有传说中他写给明成祖朱棣那"资质秾粹"的朝鲜妃子的《宫词》，背后又有怎样的故事……引人遐想。

当然，还会写到"靖难之变"如何改变了他的人生轨迹。燕王朱棣甫一起事就钉上了朱权的兵力，朱棣曾对手下说，我巡察塞上时，见大宁诸军十分彪悍，如能获得宁王相助，以边军骑兵出战，大事可成。

那一年，朱权二十一岁。

关于朱权参与"靖难之变"的内幕，史书与传说迷雾重重。

有人说朱棣将他诳出城外，胁迫他起事；有人说朱棣暗中控制了他的家人，要挟他从军；有人说朱棣单枪匹马见朱权，握住他的手大哭，于是兄弟共定大计；还有人说朱棣曾经许诺，事成之后与朱权平分天下……总之朱权最终进入燕王军中，四年的征战，常在朱棣左右，一应书檄，悉为其撰写。

每一种说法都很有故事性，是写作的好素材。但我并不治史，只能以常理度之：后人评价，"燕王善战，宁王善谋"，这个评价里有没有水分且不论，朱权镇守边关多年，多次会合诸王出塞作战，在自家地盘上被朱棣胁迫或算计的可能性不大。想来当时建文帝对诸王步步紧逼，已经下旨命朱权削去三卫，适逢朱棣起事，他顺势而为也是可以理解的。

至于"平分天下"，任何一个皇宫中长大的头脑正常的人，都不至于被这样的话忽悠了。

但朱权心里有没有某种野心和向往呢？这很难说。毕竟起兵谋夺天下的过程中，有太多变数可以期待。正在热血沸腾的年纪，又多谋善战，他未必不曾有过"搏一搏"的念头。而四年的征战中，或许真有过那样的时候，天下对他来说，并不是遥不可及。

这是人之常情，没有哪个热血男儿能够抵抗这样强大而辉煌的诱惑，只是想一想都足以让人血脉偾张。

当然，我们知道，所有这一切，在1402年"靖难之变"结束，朱棣登基之后，尽皆化作泡影。

第二年，也就是永乐元年，朱棣将朱权"改封南昌"。

"平分天下"云云固然成空，一应兵权和实权也尽皆消弭，将他封到这个还算富庶而又相对封闭之地，很显然是在告诫他从此安分守己地低调享受人生。

至此，我不知该如何描写朱权之后的人生了。二十五岁的年纪，驰骋过塞外的广阔天地，统领过骁勇的异族骑士，争夺过天下，与帝位咫尺之遥……然后，忽然之间，帝业烟消，壮志成尘，他成了一个混吃等死的闲散王侯，除了富贵与清闲，一无所有。

我不知道他经历过怎样的心路历程，用了多久才接受命运的捉弄和安排；有没有午夜梦回，仿佛还在戎马生涯之中；回首往事时可曾感到后悔或懊恼，还是根本不敢回首往事……来到南昌后，朱权开始修道。他自号臞仙、涵虚子、丹丘先生，与正一派第四十三代天师张宇初交往甚密，在西山缑岭建道观，命名为"南极长生宫"，并说这也将是他死后的陵墓。他还写了八卷的《天皇至道太清玉册》，成为道家经典。

似乎修道还不足以平复他的空虚和落寞，朱权读书、治史、搜集书籍，与文人才子往来应酬，诗酒风流。据记载，他于星历、医卜、音律、戏曲、黄老无所不精，留下了几十卷各种各样的著作，可谓"著作等身"。这固然印证了史书上"聪明好学"的考语，却也可想而知他二十五岁之后的人生，寂寞空闲到了什么程度。

他擅长音乐，尤其擅琴，编有《神奇秘谱》，从"古今琴谱所载千余曲"中精选了六十四支琴曲，是中国现存最早的琴曲专辑，也有着中国古代音乐史料研究的最高价值。他甚至还擅长斫琴，自制"飞瀑连珠"，被誉为明代第一琴。

音乐之外，朱权也沉迷于戏曲，同样著述颇丰，其中《太和正音谱》可以说是中国戏曲史上最重要的著作。据说他还亲自写了十二部杂剧，指挥搬演，有两部流传至今。

所有这些之外，还有茶。

是的，宁王好茶，天下闻名。

他革新了茶具和饮茶方式，开明代散茶瀹饮的先河，提升了饮茶的境界和文化意味，还著有《茶谱》——明代第一部茶学著作。

但我们同样不能准确地知道，茶究竟是何时开始走进他的生活的。也许童年时在南京皇宫中，受"罢造龙团"的父亲影响，他开始学着品饮散茶；也许远赴塞外之时，染上茶癖以化解肉食腥膻；也许在起兵争夺天下的戎马倥偬之际，需要饮茶来提神明思；又或者是"改封南昌"，万念俱灰之后，他才开始从茶烟与茶香中寻求心灵的平静。

但是我们确实知道，茶最终抚慰了他的灵魂。

朱权活到古稀之年，于正统十三年去世，这时坐在皇位上的，已经是朱棣的曾孙朱祁镇了。

当然，高龄并不能说明问题，健康与长寿也未必就全是茶的功劳。那么，我们还是向他的文字中去感觉他的心境和情绪吧，从他留下的那些优雅美丽至极的写茶的文字中，感受茶在他生命中的地位和意义。

在《茶谱》中，朱权写道："予尝举白眼而望青天，汲清泉而烹活火，自谓与天语以扩心志之大，符水火以副内炼之功，得非游心于茶灶，又将有裨于修养之道矣，岂惟清哉？"

一句"岂惟清哉"，真非懂茶人不能道。朱权所关注和追寻的，已经不只是茶本身，不只是茶的味道和气韵，而是其中更为深层的境界意义。而中国茶从来都不是唯有"清虚"这一道，而是一种与自然、与万物、与现世生命更为紧密的联系。

这种联系将人带得更高，"与天语以扩心志之大"；又让人更加内敛自省，"符水火以副内炼之功"；它使人心与外物形成共鸣，"游心于茶灶"；又赋予生命不一样的感悟，"有裨于修炼之道"。朱权是真的懂茶，不管他这份懂得是从怎样的人生体验中得到，但确实将他带出了人生的挫折与坎坷，让他感受到了生命可以具有的另一重境界。

所以写到茶的时候，他不吝赞美之词："茶之为物，可以助诗兴而云山顿色，可以伏睡魔而天地忘形，可以倍清谈而万象惊寒。"果然曾是纵横沙场的英雄人物，在他笔下，茶又是一番气象。

他还说："天地生物，各遂其性，莫若叶茶，烹而啜之，以遂其自然之性也。"到朱权这里，中国的茶道精神，才真正与天地自然相法，从方寸杯盏之中，还原出了山川万物，大千世界。

也正是从这个时候开始，中国茶日渐呈现出异常丰富而多样的特点，众多我们熟悉的茶也纷至沓来，各有各的精彩。

至此，我们终于能够相信，有着这样感悟的茶人，对前半生的起起落落，是非曲直，不管是宏图霸业还是坎坷挫败，一定是真的放下了。

所以他会说，真正懂茶之人，品茶之道，更多的在于心情境界，"或会于泉石之间，或处于松竹之下，或对皓月清风，或坐明窗静牗，乃与客清谈欸话，探虚玄而参造化，清心神而出尘表"。

也正因如此，朱权极力简化品饮程序，提倡随心尽兴而已，不必拘泥于形式。他说，卢仝饮茶，七碗而止，苏轼品茶，三碗亦佳，但他觉得，只要有好茶佳客，尽兴尽情，一壶足矣。"使二老（卢仝、苏轼）有知，亦为之大笑。"

在这一笑之中，他与往昔爱茶的灵魂，得到了一种精神上的相通。因为茶的感悟，这个人获得了心灵绝对的自由。

已识乾坤大，犹怜草木青。

这又是一个人和茶"一生的故事"，茶的温柔抚慰了帝业烟消、英雄末路的寂寞惆怅，茶的空灵释放了灵魂的无限潜质，直至海阔天空。

我说过，这样的故事，正是与茶相关的历史中，最让我为之着迷的部分。

五、小茶室里的三个人

最后，我们从一个姑娘的故事说起。

苏东坡说过，"从来佳人似佳茗"，爱茶人的故事，没有佳人出场，总觉得不完整。

姑娘的名字是王月，有时写作王月生。她是明朝末年秦淮名妓，"某某生"是当时对名妓的尊称。

明末的秦淮，留下了许多风尘佳人的故事，她们的美貌、才华、爱情、命运与朝代更迭、家国荣辱交织在一起，写下了中国历史上特别绮丽哀艳的一笔。而她们中绝大多数人所表现出来的气节、刚烈和冷静明智，与当时士大夫中奸邪或懦弱之辈形成鲜明对比，也被后人一再拿出来说道。

中国自古就有用节烈的风尘女子去羞臊无行士人的传统，但明末这样的故事似乎格外多，格外被人津津乐道。除去明清之际的变故惨烈，并与今日隔着一个适当的审美距离之外，也因为当时风气日开，士人追求个性解放，寄情于风尘女子，很能够欣赏她们的美丽、性情与才华，并报以一定的尊重。——这种尊重欣赏固然前所未有，之后也成绝响。

在当时众多留下纷纭传说的佳人之中，王月生是一个特别的身影。

当时有个叫余怀的文人，写了本《板桥杂记》，这是一本奇妙的书，专门记载明末秦淮一带狎邪冶艳之事，轻佻又琐碎，极尽八卦之能事，几乎可以算是寻花问柳指南和绯闻汇总。但此书写于明亡之后，于是所有这些绮靡香艳的记述都蒙上了一层哀伤感怀的面纱，就仿佛从尘土劫灰中，重拾往日时光的碎片，拂去灰尘，珍重赏玩，别有一种动人之处。

正如他在序言中写道："此一代之兴衰，千秋之感慨所系也……十年旧梦，依约扬州，一片欢场，鞠为茂草。红牙碧串，妙舞清歌，不可得而闻也；洞房绮疏，湘帘绣幕，不可得而见也；名花瑶草，锦瑟犀毗，不可得而赏也。间亦过之，蒿藜满眼，楼馆劫灰，美人尘土，盛衰感慨，岂复有过此者乎！"

余怀几乎把明末秦淮一带所有略出名的美人都点评了一番，其中不少人艳名垂于青史，"秦淮八艳"中的六位都在其列。而在余怀看来，所有这些美人里，最美的是王月生，所谓"月中仙子花中王，第一姮娥第一香"。

当时一流名妓往往出于曲院，大约相当于高级红灯区，王月生出身珠市，是相对市井的地方，"曲中名妓"往往羞于与珠市妓为伍。但王月生是个例外，时人的评价是"曲中上下三十年绝无其比也"。

据记载某富豪一次饮宴，遍招曲院名妓，嬉笑戏谑，王月生正在隔壁喝茶，觉得吵闹，"立露台上，倚徒栏楯"，一句话没说，就往下瞅了一眼，众美人为之"气夺"，纷纷走避他室。

这真是"却扇一顾，粉黛无色"，传说般的美丽。

会留下传说的美丽女子，往往命运多舛，王月生也未能逃出这个套路。她自幼流落风尘，古人把这种生涯称为"卖笑"，她却不爱笑。

她不仅不爱笑，也不爱说话，不爱艳妆，不爱饮宴，不爱歌舞弹唱……据说王月生出场应酬，一定要提前下帖子，出重金为订，且不管席间是什么人，从来只参加半程就离席而去，"南京勋戚大老力致之，亦不能竟一席。富商权胥得其主席半晌，先一日送书帕，非十金则五金，不敢亵订"。尽管如此受追捧，席间她却往往沉默"枯坐"。"女弟闲客，多方狡狯，嘲弄哈侮，不能勾其一粲"，"寒淡如孤梅冷月、含冰傲霜，不喜与俗子交接，或时对面同坐起，若无睹者"。

关于她的冷漠，有这么一个故事：一个贵公子喜欢她，百般讨好，王月生与他相处半个月，始终一言不发。有一天，她动了动嘴，似乎想说点什么，公子身边那些无聊的闲客都轰动了，惊喜地喊公子快来："月生开言矣！"

"哄然以为祥瑞，急走伺之，面赪，寻又止，公子力请再三，涩出二字曰:'家去。'"——大家都觉得王月生肯开口说句话太珍贵了,简直是天降祥瑞,连忙围住她,眼巴巴等她开口。王月生涨红了脸,一言不发,公子再三央求,她才说了两个字:"家去。"

这两个字的意思是"回家",应该是说"我要回家",可我觉得更像是用比较委婉文雅的语气说——"滚"。

曾有人好事,考证曰名妓的冷傲,多数时候是装出来的营销手段,这个我不予置评。确实,王月生的冷漠并非天性,在真正喜爱之人之物面前,她其实非常爽朗风趣。但我更愿意相信,人前的孤傲也许是她对命运沉默的反抗,是维持最后的骄傲与尊严;也是冷眼看过去,太多时候觉得无人可与言,也无话可多说。

这个冷傲的姑娘,却热心于茶。

当时秦淮有个擅茶的老人,名为闵汶水,人称"闵老子",在桃叶渡支了一间茶室。老人擅长制茶,所制之茶人称"闵茶",风靡一时。也擅长煮茶沏茶,性子野鹤闲云,不把生意当回事儿,却有一帮文人雅士以及附庸风雅之人追捧,很有点现今"网红店"的意思。人称"汶水几以汤社主风雅",说闵老子凭一间茶室,成为当时的文化名流和时尚风向标。

曾风光一时"不可言说"的文人阮大铖有一首诗写闵老子茶——

茗隐从知岁月深,幽人斗室即孤岑。

微言亦预真长理,小酌聊澄谢客心。

静泛青瓷流乳雪，晴敲白石沸潮音。

对君殊觉壶觞俗，别有清机转竹林。

他把闵老子比作魏晋时代的名士，可以想见其人性情。那么能入闵老子"法眼"的，必定都不是俗人。

王月生就是蒙闵老子另眼相待的人，据另一个叫张岱的文人记载："（王月生）善闵老子，虽大风雨、大宴会，必至老子家啜茶数壶始去。所交有当意者，亦期与老子家会。"——她经常去闵老子家喝茶，哪怕天气恶劣，或者贵客盈门，也一定先到闵老子的茶室里喝几道茶再说。如果她约你到闵老子的茶室见面，说明她对你另眼相看，觉得你是可结交之人。

张岱何许人也？他是明末江南的大富豪、大玩家、大茶客。正如他自己形容，"少为纨绔子弟，极爱繁华，好精舍，好美婢，好娈童，好鲜衣，好美食，好骏马，好华灯，好烟火，好梨园，好鼓吹，好古董，好花鸟，兼以茶淫橘虐，书蠹诗魔，劳碌半生，皆成梦幻"。国破家亡之后，他流落山林，把前半生的繁华欢娱、清福艳福，一一记录下来，写成了脍炙人口的《陶庵梦忆》和《西湖梦寻》。

张岱这样记述自己与闵老子的交往——

先是一个朋友极力向他推荐闵茶，于是他一到南京就去拜访闵老子。正好闵外出，等了许久才回，两人刚说几句话，闵忽然起身说手杖忘在某处了，于是去取。张又等了很久，他才拄着手杖回来。

见张仍在等，闵老问他为啥等这么久。张说今儿不喝您一壶茶我就不走了。

然后"汶水喜，自起当炉，茶旋煮，速如风雨。导至一室，明窗净几，荆溪壶、成宣窑磁瓯十余种，皆精绝。灯下视茶色，与磁瓯无别，而香气逼人，余叫绝"。

茶具极精美名贵，茶色香味亦是绝佳，张便问闵老子这茶产自哪里，闵回答说是"阆苑茶"。——这里"阆苑"应当是"榔源"之误，在黄山休宁松萝山旁。明初茶僧大方在松萝山结庐制茶，松萝茶便一直流行不衰（直到后来张岱所制的"兰雪"风行，才把松萝茶的势头打了下去）。当时松萝山周遭出的茶，皆以"松萝"为名。而闵老子这样的行家则会细分产地，说明是"榔源"。

张仔细品了品，却说："别骗我，这是榔源松萝茶的制法，但味道不像。"闵就笑着问："那您说这是哪儿的茶？"张又尝了尝，说："为什么这么像岕茶？"闵老子啧啧称奇。——"岕茶"产自江苏宜兴，唐宋时期称为"阳羡茶"，至明清以"岕茶"闻名，自唐宋至明清一直是贡品。

简单地说，闵老子给张岱的茶，是采岕茶茶叶用松萝茶的法子制茶，算是下了个"雅套儿"，却没套住张岱，被他品了出来。

不过这也不算特别出奇，据记载松萝茶的特点是"色浓香烈"，而芥茶"色白香幽"，既然闵老子这泡茶颜色浅淡，"与磁瓯无别"，香气却是"逼人"，真懂茶的人分辨出来也是应当。

由此也可见，风靡一时的"闵茶"，走的是"混搭"甚至"拼配"的路数，实在让人惊艳。

接下来张岱的表现也很"惊艳"，他又问闵老子用的什么水，闵说是"惠泉"——陆羽评为天下第二泉的无锡"惠山泉"。

张岱又说闵老子打诳语，"惠泉走千里，水劳而圭角不动，何也？"——这里所谓的"水劳而圭角不动"，是一种很"玄"的说法，大致是新鲜的水有一种洁净锋锐的"冷冽"之感，张岱形容为"圭角"。经过长途运输，水的味道和质感发生变化，即是"圭角动"，失去鲜洁冷冽之性。

闵老子解释说，这确实是惠山泉，取水的时候先把井淘干净，等到半夜，新鲜泉水流到时赶紧汲取。装水的水瓮底部要铺上干净的当地山石（也有人说是水底的卵石），让水在熟悉的环境里保存，同时起到净化作用。而后运输过程中，不是顺风顺水绝不行舟，以免颠簸起伏，使水性变化。老头儿还得意地说，这样运来的惠山泉，比寻常人在当地喝到的还要好。

这种运水的法子并不是闵老子首创，宋代就有了，当时甚至以水瓮中有没有石头来辨别水的真伪，曾有诗云："细倾琼液清如

旧，更瀹云芽味始全。或问此为真品否，其中自有石如拳。"（楼钥《谢黄汝济教授惠建茶并惠山泉》）

但闵老子使出这招，仍然震慑了张岱这个大玩家，可见说起来容易，真正做起来还是挺难的，也印证了老人家在茶道上的造诣和精益求精。

总之，这一回茶喝下来，宾主都大展奇才，彼此叹服，"遂定交"，张岱成为闵老子的座上客，也许就是在闵老子的茶室，他邂逅了同样爱茶的王月生。

张岱对王月生的爱慕，有眼睛的人都看得出。他的《陶庵梦忆》和《西湖梦寻》，于妻妾艳遇一字不提，却一次又一次写到王月生，写她的美丽、她的高傲、她的才华，她的沉默寡言，她为自己送行的情意，陪人出猎的飒爽和明艳，还有她对茶的喜爱。

张岱还写过"及余一晤王月生，恍见此茶能语矣"这样的句子。在他眼中，王月生就是茶的化身。一个如此爱茶的人，把一个姑娘比作"能语茶"，你说她在他心目中是什么样的位置。

张岱写王月生"虽大风雨、大宴会，必至老子家啜茶数壶始去"，这个细节让人觉得格外触动。从来只陪半席的王月生，一定非常厌烦这种交际应酬，但又不得不去。所以她要先到闵老子这里来喝几道茶，就像是用茶香茶韵，把自己的灵魂给定住，不至于在浮华庸俗的酒桌上迷失了；又像是先用茶的清气和芬芳打个底子，好有力气去应对世俗红尘的纷扰和无聊。

想必曾有许多个花朝月夕，风中雨后，好茶的佳人、懂茶的名士和擅茶的老者，在桃叶渡那间精致雅洁的茶室里相遇，也许他们相谈甚欢，也许他们相对静坐，不管怎样，有茶相伴，足矣。

关于王月生后来的遭际，张岱没有写，也许是不忍写。她先是为隆平侯张拱微所得，崇祯十一年张拱微战死，又归安庐兵备副使蔡如蘅，数年后，张献忠破庐州，王月生罹难。

此时闵老子早已辞世，张岱曾悲叹："金陵闵汶水死后，茶之一道绝矣。"虽然闵氏后人仍然做茶，但不复旧时风光，闵茶逐渐沦为"流俗之味"。

张岱则在明朝灭亡之后，飘零山野，一贫如洗，甚至时而三餐不继，"所存者破床碎几，折鼎病琴，与残书数帙，缺砚一方而已"。

明清朝代更迭之际，这样的悲剧比比皆是，在时代的巨变和世事的无常面前，个人的悲欢离合、爱恨嗔痴显得那么脆弱和微不足道，生命与灵魂中那些闪光的时刻，就像是夜色里转瞬即逝的萤火。但是我们又怎么知道，这萤火般的光芒就不能点亮黑夜呢？王月生、闵老子、张岱，在浩瀚历史中他们都是最寻常的小人物，可是时光流逝，悲剧和闹剧，幸运与不幸一样褪色、湮没，不为人知，而那些最美好的时刻却一直流传了下来。那些弥漫着茶烟，浸润着茶香，在时代的夹缝中片刻的宁静悠然，尽管如此脆弱，转瞬即逝，却又永远定格于那片刻的美好，千百年后，栩栩如生。

要相信，当你我于生活的夹缝中，透一口气，放松片刻心情，喝一泡茶的时候，我们所拥有的，也是这样的瞬间。

而这样的瞬间也将烙印在我们的人生中，纵然微不足道，却也熠熠闪光。

第四章：写给你的小情诗

我们来聊一聊关于茶的诗词文赋。

好茶不语，自行散发清香，好的作品也无须多说，文字本身就足矣。我一向觉得，再好的推荐、点评、赏析，都不如直接把作品摊开来放到读者面前，让作品本身的美与力量去俘获阅读者。

当然，这一章的难题仍然是"太多选择，太少篇幅"，我们是一个诗的民族，也是一个茶的民族，当诗遇到茶，无论如何取舍都是遗憾。我也只能希望，从这随手采撷的小小的花束中，能够使人想象出整片花海的美丽与芬芳。

一、便觉身轻欲上天

古往今来，只要说到与茶相关的诗，卢仝的《七碗茶歌》一定绕不过，卢仝本人也凭着这首诗，成为历史上第二位因茶封神之人，人称"茶仙"。

这位茶仙是"初唐四杰"中卢照邻的后人，生于晚唐，一生贫寒清苦，死得既凄惨又冤枉还不明不白，留下的诗作也不多，生平事迹更是长时间湮没无闻……但是有了一首《七碗茶歌》（《走笔谢孟谏议寄新茶》），他留在世间爱茶人心中的，就永远是一个意气飞扬的"茶仙"形象——

日高丈五睡正浓，军将打门惊周公。

口云谏议送书信，白绢斜封三道印。

开缄宛见谏议面，手阅月团三百片。

闻道新年入山里，蛰虫惊动春风起。

天子须尝阳羡茶，百草不敢先开花。

仁风暗结珠琲瓃，先春抽出黄金芽。

摘鲜焙芳旋封裹，至精至好且不奢。

至尊之馀合王公，何事便到山人家？

柴门反关无俗客，纱帽笼头自煎吃。

碧云引风吹不断，白花浮光凝碗面。

一碗喉吻润，两碗破孤闷。

三碗搜枯肠，唯有文字五千卷。

四碗发轻汗，平生不平事，尽向毛孔散。

五碗肌骨清，六碗通仙灵。

七碗吃不得也，唯觉两腋习习清风生。

蓬莱山，在何处？

玉川子，乘此清风欲归去。

山上群仙司下土，地位清高隔风雨。

安得知百万亿苍生命，堕在巅崖受辛苦！

便为谏议问苍生，到头还得苏息否？

茶是朋友送的，送来时日上三竿，卢仙人还在蒙头大睡，被快递敲门声惊醒。"天子欲尝阳羡茶"——看来这是大名鼎鼎的"阳羡茶"，也就是前面我们说到的色白香幽的"岕茶"。收到茶后，卢仝立刻把门锁好，免得被人打扰茶兴，然后绑起头巾开始煮茶。

茶是好茶，卢仙人也是煮茶高手，"碧云引风吹不断，白花浮光凝碗面"，完全符合陆羽《茶经》中的描述。

问题是陆羽曾说煮茶一炉不过五碗，超过五碗就另开一炉。但卢仝一口气吃了七碗茶，如果说他中途另开了一炉，我是不信的，因为他这七碗茶吃得太淋漓痛快一气呵成。只能说陆羽的五碗也是个概数，关起门来自己吃茶的时候，五碗七碗也就无所谓了，high 起来就好。

所有爱茶的朋友都知道，茶亦醉人，正如文徵明所谓"吾生不饮酒，亦自得茗醉"。

要说科学原理，茶中的咖啡因和茶碱作用于人的中枢神经，过量摄取会造成一定的紊乱，类似醉酒的症状。所以饮茶也应适量。但换个角度想想，只要不过分，偶尔体验一下"醉了"的感觉，也是人生快事。（——顺便科普一下，缓解"醉茶"症状，最好的办法是赶快吃一点甜食，所以喝茶时配些小茶点，还是蛮有道理的。）

至少卢仝这一次"醉茶"，醉出了千古名篇，也醉成了仙。

前面三碗只是铺垫，"喉吻润""破孤闷""搜枯肠"，感觉其实还挺寒酸的。到第四碗时劲儿上来了，"四碗发轻汗，平生不平事，尽向毛孔散"，忽然间既不孤闷也不枯寂了，世间一切变得那么美好，再没有什么烦心事儿——这是典型的"微醺"状态。

第五碗和第六碗，他彻底完成了从"凡人"向"仙人"的转变，

"五碗肌骨清，六碗通仙灵"。再到第七碗时，已经腋下生风，借着风力就能上天，直到蓬莱仙境。

所有解读赏析《七碗茶歌》的文章，都停留在这最高潮处。但其实后面还有几句诗。而正是这几句，把一首"茶诗"变成了一首真正的"仙诗"。

中国第一流的"游仙诗"，从来都不是只停留在仙境，而是诗人尽管已游历仙境，几乎羽化而去，却仍心系苍生和下土，不能忘情。

比如，屈原的《离骚》，明明已经"驾八龙之婉婉兮，载云旗之委蛇"，上天入地，出神入化，但回顾所来之处，诗人还是"哀民生之多艰""蜷局顾而不行"；再如，李白那脍炙人口的"天上白玉京，十二楼五城。仙人抚我顶，结发受长生"，最后却是"中夜四五叹，常为大国忧""连鸡不得进，饮马空夷犹"……卢仝的这首诗也是如此，他已经乘着茶兴飞往仙山胜境了，面对"地位清高隔风雨"的"山上群仙"，他想到的却是"堕在巅崖受辛苦"的"百万亿苍生"，最后问出的却是："便为谏议问苍生，到头还得苏息否？"——这世间可得太平？百姓可得安康？

或许，正是这样的心胸和襟怀，才使得卢仝成为真正的"茶仙"。

喝茶喝到要飞起来，并不是卢仝一人的体验。比如，唐代崔道融有一首《谢朱常侍寄蜀茶剡纸》——

瑟瑟香尘瑟瑟泉，惊风骤雨起炉烟。

一瓯解却山中醉，便觉身轻欲上天。

南宋葛长庚的七言长诗《茶歌》最后几句也类似，而且尤为奇崛：

丹田一亩自栽培，金翁姹女采归来。

天炉地鼎依时节，炼作黄芽烹白雪。

味如甘露胜醍醐，服之顿觉沉疴苏。

身轻便欲登天衢，不知天上有茶无。

这是真茶痴，已经喝得兴致高涨到要上天了，却还担心天上有没有茶可喝。

这位葛长庚，本身也几乎是个"仙人"，他是道家金丹派南宗的创始人之一。而他喝茶喝飞的经验，显然不止一回，还有这么一首《水调歌头·咏茶》——

二月一番雨，昨夜一声雷。枪旗争展，建溪春色占先魁。采取枝头雀舌，带露和烟捣碎，炼作紫金堆。碾破香无限，飞起绿尘埃。

汲新泉，烹活火，试将来。放下兔毫瓯子，滋味舌头回。唤醒青州从事，战退睡魔百万，梦不到阳台。两腋清风起，我欲上蓬莱。

"青州从事"原意指酒。《世说新语》记载：大将军桓温手下有个主簿，擅长品酒，他把好酒叫作"青州从事"，恶酒叫作"平原督邮"（因为青州有个齐郡，谐音"脐"郡，而好酒的酒力能一直到脐；平原郡有个鬲县，谐音"膈"县，酒力不足就只能到胸膈间。——擦汗，古人这种冷幽默的脑洞也真是清奇）。这里借指好茶，好茶的茶力同样通透五脏六腑，仿佛"青州从事"。

大诗人元好问也体验过这种境界，他有一首《茗饮》——

宿醒未破厌觥船，紫笋分封入晓前。

槐火石泉寒食后，鬓丝禅榻落花前。

一瓯春露香能永，万里清风意已便。

邂逅华胥犹可到，蓬莱未拟问群仙。

就连成吉思汗的一代名相耶律楚材，也曾喝茶喝到飞起。那时他远在西域，偶尔喝一次好茶，兴奋得一连写了七首诗，其中一首写道——

枯肠搜尽数杯茶，千卷胸中到几车。

汤响松风三昧手，雪香雷震一枪芽。

满囊垂赐情何厚，万里携来路更赊。

清兴无涯腾八表，骑鲸踏破赤城霞。

从"枯肠搜尽"到"骑鲸踏破赤城霞"，也就是几杯茶的工夫。

但也就是这几盏茶的工夫，从古到今，从中原到西域，不知几人饮到高处，直欲乘风归去。

那样的好诗，咱是写不来的，但不妨问问自己，可曾有过这种喝茶的体验，是不是也应该醉一次茶，上一回天。

二、茶香入梦来

一样东西好到极处，自然而然魂牵梦萦，苏东坡曾有一个关于茶的梦，时间跨度九年，梦境与现实交织，似梦似真，迷离而神奇。

这个梦的前因，是大苏任杭州通判时，与当地"诗僧"道潜交游。之后他贬居黄州，一夜梦见道潜带着新茶与他共品，并给他看一首诗，其中一联"寒食清明都过了，石泉槐火一时新"。这时苏轼醒了过来，虽然记得梦中情景，也觉得梦中的那联诗句甚美，却不知是何征兆，时间一长，也就渐渐忘记了这个梦。

九年后，他重回杭州，再次拜访道潜，此时道潜在西湖智果寺，"寺有泉，出石缝间，甘冷宜茶"，道潜为苏轼汲泉水煮"黄蘗（niè）茶"，并说这个月刚刚重凿此泉，出水更加清冽。这时，苏东坡恍然意识到，此情此景，与九年前他在黄州梦中所见诗句正相吻合。

如此旧梦成真，又似梦似真，苏大胡子感慨不已，写下了著名的《参寥泉铭》——

伟哉参寥，弹指八极。

退守斯泉，一谦四益。

余晚闻道，梦幻是身。

真即是梦，梦即是真。

石泉槐火，九年而信。

道潜号"参寥子"，这眼泉从此也被叫作"参寥泉"，至今犹存，还留下"东坡梦泉"的典故。前面元好问《茗饮》诗中"槐火石泉寒食后"一句，用的就是这个典故。

事实上，苏轼做的"茶梦"还不止这一次。

他的诗《记梦回文二首》，序中写明作诗因由：十二月二十五日，大雪始晴，梦人以雪水烹小团茶，使美人歌以饮余，梦中为作回文诗，觉而记其一句云："乱点余花唾碧衫"，意用飞燕唾花故事也。乃续之，为二绝句云。

是说某年圣诞节（其实不是，是阴历十二月二十五日），刚下过大雪，天色放晴，苏轼梦见有人取雪水煮小团茶，还有美人在一旁轻歌助兴，梦中他为美人写了"回文诗"（就是正着读倒着读都能成诗的那种），醒来记得其中的一句是"乱点余花唾碧衫"，用的是"飞燕唾花"的典故。（赵飞燕曾误唾其妹赵合德的袖子，赵合德说仿佛"石上生花"，应该让织工织出这种花纹。——这个典故的原意是文过饰非，但到后来人们往往取其香艳妩媚，美人之唾亦能生花。）

一梦醒来，茶没喝上，美人也无影无踪，诗作只剩下半联残句。但是没关系，苏轼自己会写。他回味梦中的茶香和情影，用那半联残句，写了两首诗——

其一：

酽颜玉碗捧纤纤，乱点余花唾碧衫。

歌咽水云凝静院，梦惊松雪落空岩。

其二：

空花落尽酒倾缸，日上山融雪涨江。

红焙浅瓯新火活，龙团小碾斗晴窗。

既然说是"回文诗"，我们把它们倒过来读读试试——

其一：

岩空落雪松惊梦，院静凝云水咽歌。

衫碧唾花余点乱，纤纤捧碗玉颜酽。

其二：

窗晴斗碾小团龙，活火新瓯浅焙红。

江涨雪融山上日，缸倾酒尽落花空。

不管正着读还是反着读，梦里还是梦外，佳人与好茶余情不尽。梦境往往是现实心态的投影，茶之于苏轼，似乎总是能引起美人情深的想象，他在另一首《次韵曹辅寄壑源试焙新芽》中，同样把茶写得兰心蕙质、活色生香——

仙山灵雨湿行云，洗遍香肌粉未匀。

明月来投玉川子，清风吹破武林春。

要知冰雪心肠好，不是膏油首面新。

戏作小诗君一笑，从来佳茗似佳人。

有趣的是，后人将他这句“从来佳茗似佳人”，与他的另一句诗集成一副对联——

欲把西湖比西子

从来佳茗似佳人

对仗工整，宛然天成。自清末西湖藕香茶室挂出这副对联之后，几乎成为杭州茶馆的标配。

梦中念念不忘佳茗与佳人的，并不止苏轼。元代诗人杨维桢有一篇《煮茶梦记》——

铁龙道人卧石林，移二更，月微明及纸帐，梅影亦及半窗，鹤孤立不鸣。命小芸童汲白莲泉，燃槁湘竹，授以凌霄芽为饮供。

道人乃游心太虚，雍雍凉凉，若鸿蒙，若皇芒，会天地之未生，适阴阳之若亡，恍兮不知入梦。

遂坐清真银晖之堂，堂上香云帘拂地，中着紫桂榻，绿琼几。看太初易一集，集内悉星斗文：焕煜爚熠，金流玉错；莫别爻画，若烟云日月，交丽乎中天。

欻玉露凉，月冷如冰，入齿者易刻，因作太虚吟。

吟曰：道无形兮兆无声，妙无心兮一以贞；百象斯融兮太虚以清。

歌已，光飙起林末，激华氛；郁郁霏霏，绚烂淫艳，乃有扈绿衣若仙子者，从容来谒。云名淡香，小字绿华。乃捧太元杯，酌太清神明之醴（lǐ）以寿。

予侑以词曰：心不行，神不行，无而为，万化清。

寿毕，纾徐而退。

复令小玉环侍笔牍，遂书歌遗之曰：道可受兮不可传，天无形兮四时以言，妙乎天兮天天之先，天天之先复何仙。

移间，白云微消，绿衣化烟，月反明予内间。予亦悟矣，遂冥神合元，月光尚隐隐于梅花间。小芸呼曰：凌霄芽熟矣。

"卧龙道人"是杨维桢的号，大意是说他曾夜间坐林下，夜色极美，便让小书童汲白莲泉水，烧湘妃苦竹，煮凌霄芽。（这里的"凌霄芽"，一说是一种好茶，一说是茶的别称。）

茶正煮着，诗人就睡着了，恍惚间神游太虚，来到一处幻境，看到一本古书，还诗兴大发地吟了几句空洞玄妙的诗句。

吟咏之间，周遭光华闪烁，云烟缭绕，绮丽夺目，一个绿衣仙子从容而至。仙子自称名"淡香"，字"绿华"，为诗人捧来一盏"太清神明之醴"。诗人与仙子诗文唱和，句子都是玄而又玄的道家八股，宾主甚欢。

忽然之间，云烟消散，绿衣仙子化作袅袅轻烟而去，月华满地，诗人明白原来这是一个梦，慢慢睁开眼睛，看见月光照着梅花林。这时小书童喊道："茶煮好了。"

很显然，诗人梦中的仙子就是茶的化身，绿衣、淡香、绿华、"太清神明之醴"，皆是茶意。诗人并未明说，但心中一定也已了悟，梦醒时茶恰恰煮好，喝一盏茶，就算是圆了与茶中仙子的一场缘分。

杨维桢的文风放诞不拘，被人目为"文妖"，但此文中面对茶化身的美女，他的表现却是正经到无趣。莫非是面对太喜欢的东西，完全不敢唐突？

不过结尾处的描写真是精彩，一般这种文字，最后都是"忽然惊醒，啊，原来是南柯一梦"，但他仍在梦中就已经知道这是一个梦了，却还是沉浸其中，慢慢回味，缓缓醒来，恰逢茶熟。行云流水而余韵无穷，不愧是一场"茶梦"。

三、从来佳茗似佳人

由佳茗而想到佳人的，并不止苏轼和杨维桢。事实上，中国最早一首写到茶的诗，写的就是两位佳人与茶的故事，只是诗中的"佳人"，略有些特别——

止为茶荈据，吹嘘对鼎立。

脂腻漫白袖，烟熏染阿锡。

这两句出自西晋大文豪左思的《娇女诗》，写的是左家两位年幼的小小佳人，一名惠芳，一名纨素，煮茶时玩得开心，抢着吹火，烟熏火燎、泼泼洒洒，雪白衣袖被茶渍和柴灰弄得脏兮兮的……而这情形被诗人老爸乐不可支地写了下来。

左思的《娇女诗》，真是无论何时读到都觉得又好笑又柔软得一塌糊涂。左思大概是中国诗史上最早的"痴心老爹"了，写他那两个宝贝女儿，既炫耀她们的聪明伶俐、活泼娇俏，又头疼她们的调皮捣蛋、喧哗胡闹。最后好容易板起脸来要拿出当爹的威仪，教训一下两个小淘气，结果她俩一听说老爹要动家法，"掩泪俱向壁"。

诗到这里戛然而止，估计那个一千多年前的傻爹看到女儿的眼泪，家法也不动了，诗也不写了，忙着哄闺女去了。

和如此可爱的小佳人相比，后世那些写佳人与茶的诗文，我就总觉得失之轻艳，有点不大看得上眼了。

比如，唐代崔珏的一首《美人尝茶行》——

云鬟枕落困春泥，玉郎为碾瑟瑟尘。

闲教鹦鹉啄窗响，和娇扶起浓睡人。

银瓶贮泉水一掬，松雨声来乳花熟。

朱唇啜破绿云时，咽入香喉爽红玉。

明眸渐开横秋水，手拨丝簧醉心起。

台时却坐推金筝，不语思量梦中事。

美则美矣，却失之纤巧，流于轻浮。诗中的美人与其说好茶，不如说以茶作态。

明代"文坛领袖"王世贞有一首《解语花·题美人捧茶》，也是这个调调——

中泠乍汲，谷雨初收，宝鼎松声细。柳腰娇倚，熏笼畔，斗把碧旗碾试。兰芽玉蕊。勾引出清风一缕。鬓翠娥、斜捧金瓯，暗送春山意。

微袅露环云髻，瑞龙涎犹自，沾恋纤指。流莺新脆。低低道：卯酒可醉还起？双鬟小婢，越显得、那人清丽。临饮时、须索先尝，添取樱桃味。

最后那句"临饮时，须索先尝，添取樱桃味"，真是大胆香艳得让人咋舌：要喝这盏茶，须得先给一个吻。

就是这样一首词，一百年后，还有清初大词人陈维崧隔空和了一首——

蕃马屏风，雏莺庭院，竹下茶声细。妆楼小倚，阑干外、汲取春流浅试。乳花银蕊。烟袋上、绿鬟千缕。溜横波、炉火初红，尽带娇态意。

捧处轻摇蝉鬓。问阿谁年少，消受纤指。珠鲜玉脆。语笑处、故惹檀郎惊起。沈香亭婢。只领略、凝酥佳丽。怎如伊、生小江南，偏解旗枪味。

香艳之处，比王世贞更有过之。最后一句"生小江南，偏解旗枪味"，简直有点色情暗示了。

陈维崧是"明末四公子"之一陈定生的儿子，被称为明末清初词坛第一人，是清一代少有的真正称得上"豪放"的词人。王世贞更是主持文坛二十余年，才气纵横、典雅高华。然而一遇到"美人与茶"的组合题，两位大才顿时现出原形，"才子气短，儿女情长"起来。

说真的，一路看下来，写佳人与佳茗，最相得益彰，使人印象深刻的，还是《红楼梦》第四十一回《栊翠庵茶品梅花雪》。正如我一位朋友说过，古今上下，最会写美人的还要数曹雪芹。

那一幕，想必也在每个读《红楼梦》的爱茶人心中，留下了不可磨灭的美好印象——

丰艳的宝姐姐倚在榻上，袅娜的林妹妹坐在蒲团上，构图已是极美，空谷幽兰般的妙玉在一旁扇炉火煮水，"另泡一壶茶"。

茶杯用的是"瓟斝（bān páo jiǎ）"和"点犀盉（qiáo）"、绿玉斗和九曲十环一百二十节蟠虬整雕竹根大盉（hǎi）。每次看到后世红学家对妙玉的这几件茶具寻根刨底地牵强附会，引申发挥，都想用妙玉那句话来回敬："这是俗器？不是我说狂话，只怕你家里未必找得出这么一个俗器来呢。"

宝玉在这一幕里,其实是一个旁观者,借他的眼睛缟读者这一幕"香茶美人"的美好画面。而曹雪芹写美人之美,从来不是一味地傻白甜,总要调进一点别样的情绪甚至别扭,就像真正的好茶,轻淳甘香之余,必定还要有一抹恰到好处的清气与苦涩,才见出色。

于是我们看到林妹妹问妙玉:"这也是旧年的雨水?"

而妙玉冷笑道:"你这么个人,竟是大俗人,连水也尝不出来。这是五年前我在玄墓蟠香寺住着,收的梅花上的雪,共得了那一鬼脸青的花瓮一瓮,总舍不得吃,埋在地下,今年夏天才开了。我只吃过一回,这是第二回了。你怎么尝不出来?隔年蠲(juān)的雨水那有这样轻浮,如何吃得。"

这里居然用了一个"冷笑",把妙玉傲娇别扭的性子表露无遗。有趣的是一向小性子的林妹妹竟也不和她计较,"吃完茶,便约着宝钗走了出来"。

别说伶牙俐齿的林妹妹,笨拙如我,反唇相讥的话也是张口就来啊:"隔年的雨水吃不得,这雪水你又才吃第二次,寻常吃茶难道不用水?"

但是林妹妹她居然默默地走了。

每次看到这里,我都忍不住想:天哪!林妹妹这一定是吃了妙玉的体己好茶和私藏好水，就不好同她计较了。——但能让林妹妹表现出如此"豁达"，得是什么样的好茶啊！

可恨曹雪芹竟然没有写清楚，只是虚虚一笔："宝玉细细吃了，果觉轻浮无比，赏赞不绝。"——真是让我们这些后世爱茶人挠心挠肺啊。

四、茶烟满䄂裳

《红楼梦》里最精彩的一次品茶在"栊翠庵"，这并不特别，文学史上许多次精彩的品茶，都发生在方外之地。相应地，与茶相关的诗词文赋中，出镜率最高的人群也是诸位高僧。

僧与茶的关系源远流长。传说中第一位种茶人，人称"茶祖"的吴理真，就是蒙顶山天盖寺的高僧，号"普惠"，后被封为"甘露普惠妙济大师"。（一说吴理真是个道士，但从他的封号和故居来看，我还是倾向于认为他是位高僧。）

"茶神"陆羽也是被高僧收养，在寺院中长大，还有前面提到的皎然、道潜、大方，后面将要提到的从谂（shěn）禅师、圆悟克勤、虎丘绍隆、大恒禅师、灵一和尚以及许许多多知名或不知名的佛子，他们或种茶，或制茶，或奉茶，或请人试茶，或与爱茶的诗人相唱和，留下了不计其数的诗文以及在诗文中流溢的茶香。

确实，茶道的盛行与佛教尤其是禅宗的兴起不无关系，唐代封演所撰《封氏闻见记》中记载，学禅之人必须能熬夜，又往往过午不食，这时就只能指望茶了。于是禅师和居士们纷纷揣着茶叶、茶杯，到处煮茶饮茶，形成风尚。

欧洲有一句俗语：有修道院的地方就有好酒。在中国，我们也可以说：有古寺处就有好茶。

佛寺品茶，最早而且最有名的一首，大概要推刘禹锡的《西山兰若试茶歌》——

山僧后檐茶数丛，春来映竹抽新茸。

宛然为客振衣起，自傍芳丛摘鹰觜。

斯须炒成满室香，便酌砌下金沙水。

骤雨松声入鼎来，白云满碗花徘徊。

悠扬喷鼻宿醒散，清峭彻骨烦襟开。

阳崖阴岭各殊气，未若竹下莓苔地。

炎帝虽尝未解煎，桐君有篆那知味。

新芽连拳半未舒，自摘至煎俄顷馀。

木兰沾露香微似，瑶草临波色不如。

僧言灵味宜幽寂，采采翘英为嘉客。

不辞缄封寄郡斋，砖井铜炉损标格。

何况蒙山顾渚春，白泥赤印走风尘。

欲知花乳清泠味，须是眠云跋石人。

"兰若"即"阿兰若"，梵语的意思是森林，引申为"幽静之处"，后指佛寺。西山寺这位不知名的僧人，种茶、采茶、炒茶、煮茶，一气呵成，如疾风骤雨，又气定神闲，茶香幽幽、山林寂静，此中自有真意。

在这首磅礴而又优美的长诗中，刘禹锡道出了为何茶诗往往与山寺相关，因为"僧言灵味宜幽寂"，更因为"欲知花乳清泠味，须是眠云跋石人"。——茶香总是与自甘寂寞的心灵相伴，躁动的灵魂难以感悟茶的美好。

这缕空寂宁静、怡然自得的茶烟与幽思，千百年来袅袅不绝，宋代的圆悟克勤禅师，将之总结为振聋发聩而又口角噙香的四个字，流传千古——

茶禅一味。

"茶禅一味"的出处，至今众说纷纭。

比较普遍的说法是，北宋末年昭觉寺的圆悟克勤禅师给弟子虎丘绍隆写了一封信，后世称为《印可状》，其中提及"茶禅一味"。

《印可状》后来被容西禅师（又作"荣西禅师"）带回日本，一说装在桐木圆筒中漂流到萨摩坊之津海岸；之后传至一休宗纯禅师（没错！就是我们童年记忆中的那个"聪明的一休"）；一休传给他的弟子村田殊光（又作"村田珠光"），村田殊光据此开启日本禅茶之风，最终促成了日本茶道的诞生。

这个故事看上去有人证有物证，因果明白、脉络清晰。但是《印可状》原件至今犹存于日本东京国立博物馆，其中并不见"茶禅一味"四字。

又说东京博物馆里的这份《印可状》只是前半，那么我们再去翻《圆悟佛果禅师语录》（"佛果"是圆悟克勤的另一个尊号），其中收录了《印可状》的全文，仍然没有提及"茶禅一味"，反而举了个"七斛驴乳，只以一滴师子（即"狮子"）乳滴悉皆迸散"的例子。

当然也有一种可能，就是容西禅师得到的《印可状》与《语录》中收的后半部分文字有所不同，克勤禅师写下了"茶禅一味"四个字，只是我们今天无缘得见。

但我认为，更大的可能是克勤禅师并未明白写下这四个字。查考中国的禅茶文化，自从谂禅师"赵州茶"公案开始，一脉流传，到克勤禅师的时代，这四个字已经呼之欲出，具体何年何月，出自何人，其实也不必过于纠结。

"赵州茶"的公案故事，想必大家都很熟悉了，这里只简单地讲一讲。

主角从谂禅师是禅宗六祖惠能的第四代传人，一代高僧，八十岁时驻锡赵州观音院，一百二十岁圆寂，人称"赵州古佛"，所谓"赵州眼光烁破天下"。

他留下了许多著名的禅门公案，最有名的大概就是"赵州茶"了——

有僧新至，禅师问："曾到此间吗？"回答："曾到。"禅师说："吃茶去。"

又有僧来，禅师问："曾到此间吗？"回答："不曾到。"禅师也说："吃茶去。"

观音院的主持奇怪："为什么'曾到'也吃茶去，'不曾到'也吃茶去？"禅师回答："吃茶去。"

对于这桩公案的解释感悟，各人有各人的缘法，我就不多说了——也说不清楚。

圆悟克勤禅师终生参悟"赵州茶"，在他的著作中时时提及，前面那篇有名的《印可状》中也能看到。因此可以说从"赵州茶"到"茶禅一味"的发展过程中，克勤禅师起到了承前启后的重要作用，后世以他为"茶禅一味"这四个字的缘起，也不无道理。

事实上，真正有文字可考的"茶禅一味"，还是见于苏轼的诗句。（此老与茶的缘分还真是深厚啊。）

前面提到，他和老朋友诗僧道潜重聚杭州智果寺，久别重逢，大家自然天天聚会。某次分韵作诗，苏轼分得"心"字韵，所作诗篇中有"茶笋尽禅味，松杉真法音"一联。这应该是最早将"茶味"与"禅味"连缀在一起的文字，只是有一个"笋"夹杂其中，还算不得纯粹的"茶禅一味"。

在他之后，有个名为陈知柔的诗人，写下"我来不作声闻想，聊试茶瓯一味禅"的诗句，其中意境，已经比较接近"茶禅一味"了。

后来又有宋末元初的诗人林景熙，留下"林下烹茶味亦禅"的诗句，这也可以算作"茶禅一味"。

至于茶史上和茶诗中留下身影的众多高僧，这里不及一一叙述，其中有两位我觉得特别有趣，拎出来说一说。

一位不知名号，明代诗人陆容有诗相赠——

江南风致说僧家，石上清泉竹里茶。

法藏名僧知更好，香烟茶晕满袈裟。

诗句清丽雅谑，嘲笑禅师爱茶成瘾，茶烟茶渍印满袈裟。

另一位是清代圣因寺的大恒禅师，当时有位大诗人厉鹗（注意，不是续《红楼梦》的高鹗）写了一本《宋诗纪事》，士林称赞，大恒禅师用龙井茶从他那儿换了一本。厉鹗觉得这事儿十分有趣，就写了一首诗纪之——

新书新茗两堪耽，交易林间雅不贪。

白甋（zhuì）封题来竹屋，缥囊珍重往花龛。

香清我亦烹时看，句活师从味外参。

舌本眼根俱悟彻，镜杯遗事底须谈。

其实这是广告吧，反正我看了这诗，立刻去找《宋诗纪事》，发现它有一百卷，这才作罢。

虽然写的是《宋诗纪事》和茶，但"香清我亦烹时看，句活师从味外参"一句，却是对"茶禅一味"非常好的诠释：生活中的美妙感受都是相通的，烹茶的清香，读诗的感悟，参禅的透彻，品茶的隽永……原来所谓"茶禅一味"，似乎不应只局限于禅和茶，而是将它们所代表的自然、文化、心灵和精神，以平等纯粹的"一味"之心去感受和参悟。

——悟了吗？

——那么吃茶去。

五、记此擎瓯处，藤花落槛轻

写了这么多与茶相关的诗文典故，最后我只想放飞一下，纯粹"为诗而诗"，推荐一些私心偏爱的作品。较之恢宏的长诗和雄文，我还是更喜欢那些宛然如画，明白如口语，还有点小情节小趣味的短句子。

比如唐代卢纶的这首《新茶咏寄上西川相公二十三舅大夫二十舅》——

三献蓬莱始一尝，日调金鼎阅芳香。

贮之玉合才半饼，寄与阿连题数行。

诗人得到了一款好茶，连着兴奋了几天，忽然想起来应该分给两位妻舅——估计是家族中与他一样爱茶的"同好"。一看这茶剩得不多了（可能本来就不多），赶紧找出个珍贵的玉盒装好送出，还暗示"这等好茶岂可无诗"，你们快像我一样题几句吧。

这是真爱茶的诗人，多么有趣。

还有白居易那脍炙人口的《山泉煎茶有怀》——

坐酌泠泠水，看煎瑟瑟尘。

无由持一碗，寄与爱茶人。

诗句清淡又飘逸，其中却有难以言喻、因而特别动人的淡淡惆怅。——这也许是每一个爱茶人都会有的惆怅。

喝到一泡好茶，就会想起同样爱茶的朋友，希望他们也在此时、此地，与自己共品。因为纵然能够寄去同样的茶叶，但是寄不去同样的水、同样的环境、同样的时节，寄不去此时此刻自己手中的这一杯茶。

接下来这首诗出自一位诗僧兼茶僧，唐代灵一和尚的《与元居士青山潭饮茶》——

野泉烟火白云间，坐饮香茶爱此山。

岩下维舟不忍去，青溪流水暮潺潺。

因为这一杯茶，爱上了这一座山。——这样的情形，许多爱茶人都遇到过吧。

前面已经多次引用蔡襄的诗句，但平心而论，我总觉得他的诗过于中规中矩，少了一丝灵性和趣味，一如他的字。但他这首《六月八日山堂试茶》，我却非常喜欢——

湖上画船风送客，江边红烛夜还家。

今朝寂寞山堂里，独对炎晖看雪花。

这首诗有一种在人生和世事的夹缝中，吐一口气，放松片刻，喝一盏茶的感觉。这样的时候，确实会有说不清道不明的"寂寞"之感，但却是那种——知其为寂寞却"拿什么也不换"的寂寞。

诗中的"雪花"，指的是茶汤上泛起的如霜似雪的"云脚"，而"独对炎晖"时，这一盏雪花又是何其清凉，浸润人心。

这首《赏花》的作者戴昺并不知名，约莫知道他生于南宋嘉定年间，但诗句却非常可爱——

自汲香泉带落花，漫烧石鼎试新茶。

绿阴天气闲庭院，卧听黄蜂报晚衙。

古代的公务员早晚两次签到，分为"早衙"和"晚衙"。因为早晚衙时人群拥挤纷乱，所以古人把蜂群戏称为"蜂衙"。同时亦有尘世间的纷争劳碌，就如蜗角相争、蜂群忙碌之意。

的确，汲一瓮带着落花芬芳的好水，在闲庭绿荫下煮一泡新茶，这时再看世间事，可不就是汲汲营营、自寻烦恼嘛。

还有一首诗，作者汪炎昶也不出名，生活在宋末元初，但这首诗的内容却非常别致，可以说是闻所未闻。——至少我孤陋寡闻，生平只见过这一回。

原来他写的是生嚼新茶的体验，而且不是陆游"省事嚼茶芽"那种生嚼，而是津津有味、得意扬扬地生嚼。

诗名就是《咀丛间新茶二绝》，这里取其一——

湿带烟霏绿乍芒，不经烟火韵尤长。

铜瓶雪滚伤真味，石硙尘飞泄嫩香。

茶叶经过烘烤炒制便失去了"湿带烟霏"的韵味，石磨碾制会让香味消散，滚水烹煮更使茶叶失去原本的"真味"……总之，好茶就该嚼着吃。——糟糕！我居然觉得他说的有道理！

还有一首诗，出自南宋罗大经那著名的八卦集子《鹤林玉露》，是他的朋友李南金所作——

砌虫唧唧万蝉催，忽有千车捆载来。

听得松风并涧水，急呼缥色绿瓷杯。

诗名为《茶声》，写的是煮茶时如何根据水声来分辨水的沸腾程度，以及是否合用。

"辨水声"一直是烹茶的重要功课，陆羽《茶经》中就说过：水泡如鱼目，偶尔浮现，微微有声，是为"一沸"；泡沫沿着锅边如涌泉连珠一样冒起为"二沸"；如波浪翻滚为"三沸"。"二沸"的水最佳，过了"三沸"水就煮"老"了，不能再用来煮茶。

到宋代，煮水用的不再是类似锅的"镀"，而是一种很像执壶的细颈、细弯嘴、有把手的"汤瓶"。

汤瓶煮水，没法直观地看水泡，所以茶人们练就了"听水声"的功夫，李南金这首诗，就相当于一首听水声的口诀。

当声音如虫鸣、如蝉声时，为"一沸"；如车轮隆隆时，为"二沸"；如风过松林，飞瀑落涧，为"三沸"。

需要注意的是，宋代点茶，水最合适的沸腾程度为二沸、三沸之间。这个"之间"太难把握了，所以有一个偷巧的法子：水至三沸之后，将汤瓶从火上移开，待水声消失的瞬间，就是水温最合适的时候。

于是罗大经也跟着写了一首诗，作为李南金《茶声》的"注释"——

松风桂雨到来初，急引铜瓶离竹炉。

待得声闻俱寂后，一瓶春雪胜醍醐。

说到茶中八卦，清代周亮工写过一组《闽茶曲》，悉数福建茶史茶事。

周亮工在福建为官十二载，对当地的风土人情极为了解，因此他的《闽茶曲》十首写得丰富又轻松，有时还有点小刻薄。

我个人最喜欢第二首——

御茶园里筑高台，惊蛰鸣金礼数该。

那识好风生两腋，都从着力喊山来。

这首诗写到福建武夷山一个非常有趣的民俗："每当仲春惊蛰日，县官诣茶场，致祭毕，隶卒鸣金击鼓，同声喊曰'茶发芽'，而井水渐满，造茶毕，水遂浑涸。"（明代徐𤊹《茶考》）

这"井"，指的是武夷山御茶园的"通仙井"，又名"呼来泉"，平日没什么水，随着惊蛰日人们鸣金击鼓，高喊"茶发芽"，井水也会渐渐涨满，清澈甘甜，而当整个采茶制茶季结束，井水就会渐渐浑浊干涸。

怎么看都像是传说，甚至带点童话色彩，但想象一下，漫山遍野，众人齐声高呼"茶发芽"，是多么欢乐而激昂的场景。这种活动，称为"喊山"，至今武夷山通仙井旁仍有"喊山台"。

周亮工甚至认为，饮茶时腋下生风的"茶力"，都是来自采茶人"喊山"时聚集的能量。——也许他说得有道理呢。

说完了"喊山"，我们再来说说采茶。采茶的诗也很多，我最喜欢的是南宋大诗人范成大的组诗《夔州竹枝歌（九首）》中的第五首——

白头老媪簪红花，黑头女娘三髻丫。

背上儿眠上山去，采桑已闲当采茶。

所谓"竹枝词"，就是文人仿作的"民歌"，我最喜欢这种浅白而有韵的民歌风味。

相似的还有明代王穉（zhì）登的一首《西湖竹枝词》——

山田香土赤如泥，上种梅花下种茶。

茶绿采芽不采叶，梅多论子不论花。

清浅俏皮，宛如口语，感觉来个俏丽的小姑娘就可以唱出来了。

终于到了最后一首，这首以诗来看未必有多好，但所描写的品茶过程，在我所见过的诗文中最为准确、贴切。我甚至觉得，今天我们所有品茶评茶描述茶的套路，都是从这首诗来的。

这就是那首有名的《武夷三味》，作者是"扬州八怪"之一的汪士慎——

初尝香味烈，再啜有余清。

烦热胸中遣，凉芳舌上生。

严如对廉介，肃若见倾城。

记此擎瓯处，藤花落槛轻。

这是品一款好茶的味觉经历，但又何尝不是人生心路历程的写照：从"香味烈"到"有余清"，经历了胸中"烦热"，感受过舌上"凉芳"，学会了克制，懂得了敬畏，最终回归自然平和，举重若轻，一如袅袅升起的茶烟，一如缓缓飘落的花瓣。

"记此擎瓯处，藤花落槛轻。"

第五章：谁与你相遇，和你在一起

我们来聊一聊那些和茶相关的事物。

有些顺理成章地与茶息息相关，有些却以颇为奇特的缘分和茶联系在一起。相应地，它们也以自己的方式陪伴茶、影响茶、推动茶的发展，直至今日。

在很多时候，人们想起茶、谈到茶，都会自然而然地提及它们，因此很有必要为它们留出一个小小的篇章。

一、千古茶酒论

自茶风行伊始，茶与酒便成了对头。

这种对峙之势，在中国文化风俗史上随处可见其痕迹，世界上其他地方却未见过。也许只在中国，茶才有了和酒分庭抗礼的地位吧。

实际上，考察历史，要和酒打擂台，茶还是有那么点底气不足。

以时间论，酒是毋庸置疑的"老大"。神农煮茶只是一个未经证实的传说，"猿猴酿酒"的故事却承载着人们对蒙昧时期由发酵果实而初识酒味的记忆。从某种意义上说，甚至可以认为酒的诞生早于人类的出现。

再看文章典籍，有文字记载的确定无疑的"茶"，最早见于汉代；而早在西周初年，大名鼎鼎的周公姬旦就颁布了《酒诰》——中国历史上最早的禁酒令。

再从各自的守护神来看，酒神狄奥尼索斯——啊，对不起串戏了，狄奥尼索斯是古希腊的酒神。

我们中国的酒神有两位，仪狄和杜康。传说仪狄是大禹的一位祭司，"古者仪狄作酒醪，禹尝而美之"。

在秦以前的文献中，仪狄还以女性的身份出现——这个名字确实颇有几分风致楚楚的妖娆之姿。"发明了美酒的美女姐姐"！这个设定太带感了，不知后世的史家学者为啥要把她性转成男人，浪费了这么好的人设。

杜康即古代传说中的"少康"，禹的后人，夏朝的第五代君王，据说他发明了全套曲药酿酒术，以及与酒相关的器具礼制，同样被奉为"酒神"。

至于茶的守护神，我们前面说过了——"茶神"陆羽、"茶仙"卢仝。

都是唐朝人，一个是寺院里长大的小孤儿，一个是半生坎坷的穷书生，虽然他们的故事同样感人而有趣味，比两位"酒神"还多出不少细节和生趣，但要比资历的话，确实是没得比。

有意思的是，就是这样看似处处"没得比"的茶，却一直被人拿来和酒比。可以说，"茶酒之争"从茶诞生之初就开始了，又有一代又一代茶客酒徒、文人才子煽风点火，呐喊助阵，战火绵延不绝。

文人们写诗作赋，往往拿茶来和酒对仗。这也难怪，像茶和酒这样如此相似，又如此不同的事物，实在是太难得了——

茶欲清而酒欲烈；茶使人清醒，酒令人沉醉；茶如佳人高士，酒似才子豪杰；饮茶须清静，饮酒乐喧哗；茶得玉箫古琴低吟"藤花落槛"，酒要铁板琵琶高唱"大江东去"……而所有这些，又都是中国传统文化所珍视的精神、气韵和风味，相聚时用以助兴，独处时亦能慰藉心灵，启发才情与诗兴，流传佳话和快意事，寒夜客来茶当酒，春困酒醒倍思茶……真是不能怪诗人们词穷，千百年来只晓得以茶对酒，以酒对茶。就连到了太虚幻境，一盏哀怨的"千红一窟（哭）"，还有同样凄绝的"万艳同杯（悲）"来对它。

而且很多时候，人们不是以茶解酒，就是以茶代酒。似乎茶的好，偏要借着酒的醉，才能格外衬托出来。

最有名的应该就是苏轼的那首《浣溪沙》了——

簌簌衣巾落枣花，村南村北响缫车。

牛衣古柳卖黄瓜。

酒困路长惟欲睡，日高人渴漫思茶。

敲门试问野人家。

而我最喜欢的是皮日休的一首小诗《闲夜酒醒》——

醒来山月高，孤枕群书里。

酒渴漫思茶，山童呼不起。

还有不怎么出名的南宋诗人杜耒那首出名的《寒夜》——

寒夜客来茶当酒，竹炉汤沸火初红。

寻常一样窗前月，才有梅花便不同。

但却又有这么一种说法，一个人要么好酒，要么好茶，二者不可得兼。

李渔在《闲情偶寄》中说："凡有新客入座……但以果饼及糖食验之：取到即食，食而似有踊跃之情者，此即茗客，非酒客也；取而不食，及食不数四而即有倦色者，此必巨量之客，以酒为生者也。以此法验嘉宾，百不失一。"诚如此文开篇所言："果者酒之仇，茶者酒之敌，嗜酒之人必不嗜茶与果，此定数也。"

这么看来，苏轼和皮日休还真是异类，既好酒，又好茶。但这样的"异类"，在诗人中好像还挺多。

倒也不能就此判定李渔胡说，将"茶"与"酒"严格对立起来的人，可不止他一个。

有一个词叫作"对花啜茶"，看上去是不是很风雅，煮一炉好茶，来对满庭繁花，或是沏一盏清茗，看窗外闲花落地轻。君不见今日茶道和茶会布场，瓶花仍是一道必不可少的风景吗？

但实际上，这个词最初的含义是煞风景。

自唐代起，"对花啜茶"就和"松下喝道""清泉濯足""背山起楼""焚琴煮鹤"一样，被认为是不解风雅的煞风景的行为。

为啥？因为对着花就应该喝酒啊！什么，你居然喝茶？太没品了，鄙视你！

大概就是这么回事儿。

这个观点一直持续到宋代，所以大词人晏殊才有这么一首《煮茶》——

稽山新茗绿如烟，静挈都蓝煮惠泉。

未向人间杀风景，更持醪醑（láo xǔ）醉花前。

如此好花好茶，结果他最后还是选择喝酒，还美其名曰"未向人间杀风景"，不得不替茶委屈伤心一下。

这也难怪会有爱茶的诗人，为茶代言的时候，忍不住要踩一踩酒。

比如诗僧皎然那首著名的五绝《九日与陆处士羽饮茶》——

九日山僧院，东篱菊也黄。

俗人多泛酒，谁解助茶香。

替茶僧补一个画外音：你们这些庸俗的凡人只晓得对菊泛酒，哪里知道花香助茶的乐趣？哼！

还有被称为"大历十才子之冠"的钱起，他多次写到茶宴、茶会，几乎每次都要不动声色地把酒小贬一番。

最有名的一首《与赵莒茶宴》——

竹下忘言对紫茶，全胜羽客醉流霞。

尘心洗尽兴难尽，一树蝉声片影斜。

当然，像这样立场明确"打一个拉一个"的毕竟是少数，大多数人还是如苏轼，茶亦好，酒也佳，有酒饮酒，有茶品茶。

比如一句"寒夜客来茶当酒"，你怎么说得清诗人到底是更爱酒还是更爱茶。

最好玩的是唐代大诗人施肩吾有一首《蜀茗词》——

越碗初盛蜀茗新，薄烟轻处搅来匀。

山僧问我将何比，欲道琼浆却畏嗔。

在山间喝到绝好的蜀地新茶，煮茶的僧人问味道如何，诗人想夸一句"味比琼浆"，但转念一想，"琼浆"指酒，僧人却是禁酒的，倘若把他的茶夸作琼浆，是不是还要招他埋怨？

这真是夹在茶客和酒徒之间普通人的欢乐心态啊。

要说到茶酒之争的巅峰，大概就是那篇著名的《茶酒论》了。

1900 年，道士王元箓在敦煌莫高窟发现藏经洞，四万多件文物重见天日，包括大量珍贵的文献，其中就有这篇《茶酒论》。

在此之前，这篇妙文居然一直湮没不闻。而作者王敷的生平已不可考，只知道他是唐朝初年一名"乡贡进士"，简单说就是科举笔试过了面试落榜的读书人。

如果看这样的背景资料，使人以为这是一篇深奥的古文，那可就错了。这是一篇纯粹中国式的美丽寓言，一篇荒诞而又欢快的奇妙之作。

作者将茶与酒拟人化，赋予它们不同的性格脾气和口气，把它们聚在一起展开辩论，争吵究竟谁才是老大，让它们各执一词甚至互相攻击，又自我夸耀标榜，妙趣横生，乐不可支。

比如茶得意扬扬地说自己："百草之首，万木之花。贵之取蕊，重之摘芽……贡五侯宅，奉帝王家。时新献入，一世荣华。自然尊贵，何用论夸！"

酒反驳的语气就粗暴许多："可笑词说！自古至今，茶贱酒贵。单醪投河，三军告醉。君王饮之，叫呼万岁，群臣饮之，赐卿无畏。和死定生，神明歆气……自合称尊，何劳比类！"

大家可以大致感受一下现场的火爆气氛。

就这样，茶和酒你一段我一段，越怼越来劲，酒本来就是火爆脾气，茶也不复斯文外表……正吵得不可开交，不防旁边有一位慢悠悠地开口了，这位老大一开口，茶和酒便都怂了。

欲知开口者是谁？后事怎样？请看下节分解——

二、茶与水的交响诗

上节说到茶与酒正争得不可开交，一个旁观者悠悠开口，茶和酒顿时都乖乖闭嘴。

要问这位老大是谁？我们先听听他是怎么说的——

"阿你两个，何用忿忿？阿谁许你，各拟论功！言辞相毁，道西说东。人生四大，地水火风。茶不得水，作何相貌？酒不得水，作甚形容？米曲干吃，损人肠胃；茶片干吃，砺破喉咙。万物须水，五谷之宗。上应乾象，下顺吉凶。江河淮济，有我即通。亦能漂荡天地，亦能涸煞鱼龙……感得天下亲奉，万姓依从。犹自不说能圣，两个何用争功？从今以后，切须和同。酒店发富，茶坊不穷。长为兄弟，须得始终！"

原来开口的是水，难怪茶酒都低头服教："对对对！您是老大，您说什么都对！"

——可不是，吵什么吵？没有水，一切免谈。

酒和水的故事，我们就不节外生枝了，这里单表茶与水不得不说的故事。

说到茶与水的故事，想起一个冷笑话——

问：林妹妹和苏大胡子有什么共同之处？

答：都因为喝茶不懂品水被别扭的小伙伴嘲笑过。

嘲笑林妹妹的是妙玉——这段故事我们前面讲过。嘲笑苏大胡子苏轼的是王安石，也是一个有名的段子。

是说苏轼从黄州返京，王安石托他带"瞿塘峡中段江水"。苏轼贪看两岸风光，过瞿塘峡中段时忘了这茬，到下游才想起来。

他想同一段峡谷上中下段水有何不同，就在下游打了两罐水带给王安石。

王安石取水煮茶，一闻便说："这不是瞿塘峡中段水，是下段水。"

苏轼目瞪口呆之余乖乖认错。王安石这才说，上段水太清，下段水太浊，唯有中段"不清不浊"，最宜煮茶。

于是苏轼心服口服。

这个故事非常有趣，充分反映了人民群众对王安石和苏东坡这两大文曲星的喜爱与敬仰，也表现出老百姓心目中对才子诗人们"品茶鉴水"风雅生活的想象和向往。

只可惜漏洞实在太多，我这里忍了又忍，还是忍不住要吐槽一番。

首先，王安石他就不可能是个品茶鉴水的人。

按史书记载，王安石拿到的是"走路撞树、酱油当醋"的"刻板印象科学家"人设，每次吃饭都食不知味，只吃自己面前的一碗菜。甚至某次皇帝钓鱼，他在一旁随侍，不知想什么想得入神，抓着桌上的鱼食吃起来，快吃完了都没意识到自己吃的是啥。

有一次蔡襄请王安石喝茶，亲自煮水点茶，王安石接过茶盏后，掏出一包"清风散"倒进去，一口喝下，说："好茶叶。"——看到这个典故没有掀桌冲动的都不是真茶客！

这相当于当世顶级的茶人，给你泡了杯顶级的私房茶，然后你掏出一包"清开灵冲剂"倒进去……蔡襄真是"宰相肚里能撑船"，震撼之余，"大笑，且叹公之真率也"。换了我，信不信我把汤瓶（就是煮水壶）抢到王安石的脑袋上去。

这样一个王安石，要说他会特意让人带"瞿塘峡中段水"煮茶，还能分辨出水来自哪里，我真是无论如何不相信。——要是把这故事派到欧阳修、蔡襄他们头上，我也就捏着鼻子认了。

其次，以当时的净化和过滤水平，煮茶的水必须是越清越好，没听说过特别要求"不清不浊"的水。

最后，江水从来就不是煮茶的首选。陆羽《茶经》中说，"山水上，江水中，井水下"。而到宋代，这个排序变了，赵佶《大观茶论》说得清清楚楚："水以清轻甘洁为美……但当取山泉之清洁者。其次，则井水之常汲者可用。若江河之水，则鱼鳖之腥、泥泞之污，虽轻甘无取。"——以苏轼在茶道上的造诣，王安石若让他带"瞿塘峡中段水"煮茶，他就要先笑掉大牙了。

虽然王安石肯定没让苏轼干过这事儿，但宋代确实有"千里送水"的习俗，且是甚为奢侈昂贵的礼物。欧阳修的《集古录》请蔡襄手写序言，奉上的润笔费包括鼠须笔（其实是栗鼠尾所制，并非真是老鼠胡子）、铜绿笔格（"铜绿"极言其老）、大小龙团和惠山泉一坛。——看看这一坛水是和什么样的物件放在一起送出的。

曾有贫寒学子送给欧阳修一罐"中泠泉"水（与惠山泉齐名的"天下好水"），欧阳修大惊："君故贫士，何为致此奇贶（kuàng）？"之后看到装水的罐子，他叹息道："水味尽矣。"

原来当时认为中泠、惠山这样的好水，必须用金银器盛放，才能在长途运输中保持水味。后来又发明了用陶瓷坛子，但在水中放置原产地干净石头来保持水质的法子。"苏门四学士"之首的黄庭坚，有一首《谢黄从善司业寄惠山泉》，就是感谢朋友赠送惠山泉水——

锡谷寒泉椭石俱，并得新诗蚕尾书。

急呼烹鼎供茗事，晴江急雨看跳珠。

是功与世涤膻腴，令我屡空常晏如。

安得左辖清颍尾，风炉煮茗卧西湖。

"锡谷寒泉椭石俱"一句，就是泉水"验明正身"，有水底的鹅卵石认证。而"急呼烹鼎供茗事，晴江急雨看跳珠"一联，写诗人得到好水迫不及待煮茶，这时也不顾作诗的规矩了，一连用两个"急"字，可见是真急了，也足见这坛水之珍贵难得。

尽管陆羽品评天下名泉，以庐山谷帘泉为第一，惠山泉为第二；尽管宋徽宗将中泠泉和惠山泉并列，中泠泉位置还靠前。但不知为何，之后一代又一代的茶人和诗人，就是格外偏爱惠山泉这"天下第二泉",关于惠山泉的诗文和典故特别多、特别出名。谷帘和中泠反而相对沉寂,以至于我很长时间只知"天下第二泉",却一直以为陆羽的"天下第一泉"指的是趵突泉。

写"谁知盘中餐,粒粒皆辛苦"的唐代诗人李绅,曾将惠山泉称为"人间灵液":"在惠山寺松竹之下,甘爽,乃人间灵液,清澄鉴肌骨,含漱开神虑,茶得此水,尽皆芳味也。"并写了一首七律《别石泉》——

素沙见底空无色,青石潜流暗有声。

微渡竹风涵淅沥,细浮松月透轻明。

桂凝秋露添灵液,茗折香芽泛玉英。

应是梵宫连洞府,浴池今化醒泉清。

前面一连串的形容都很美,最后一联夸得忘形了,说这泉水好得就像梵宫洞府里神仙的洗澡水。——真的,有时候也不是很懂前辈们的文思。

爱茶成痴的蔡襄,还曾专门带着珍藏的"真茶"去惠山泉汲水煮茶写诗。这事儿苏东坡也干过,同样留下名句"独携天上小团月,来试人间第二泉"。

为什么"惠山泉"独领风骚,清代大诗人袁枚试图给出解释,他在《再题第二泉》里写道——

不似中泠远莫求,不同庐瀑占高头。

出山不远济人便，最好人间第二泉。

袁枚认为惠山泉的走红，是因为位置优越、取水方便。话虽如此，其实也并没有那么方便，这才有了众多以惠山泉相馈赠的故事。

"惠山泉爱好者"中，最豪奢的是唐代名臣李德裕，为了运送惠山泉，他设立了一条运水专线，这条线上的驿站被称为"水递"，不远千里将水运到长安供他煮茶。文徵明《咏惠山泉》的诗中，"昔闻李卫公，千里曾致驿"一联，用的就是李德裕的典故。

更有趣的是，到明代，众多没有财力运水的"惠山泉爱好者"，还发明了自制"高仿惠山泉"的法子。

天启年间的首辅朱国桢记载制法：将寻常活水煮开，置于洁净的大缸中，大缸放置于庭院中晒不到太阳的背阴处，盖好盖子，待到月光皎洁的夜晚，打开盖，让月华露水自然而然地落入缸中，如此三夜之后，用瓢轻轻舀取上层的水，装进瓷坛子里保存。以此水烹茶，"与惠山泉无异"。

实在没有惠山泉、谷帘泉、中泠泉之类的天下名水，也来不及自制"高仿惠山泉"的时候，茶客们也会想办法就地取材，找可取之水。比如前面诗僧道潜开发的"参寥泉"就是此例。

这种事儿，做得最绝的是张岱，他的《陶庵梦忆》中有《禊（xì）泉》和《阳和泉》两篇，具道始末——

话说爱茶成痴的张岱，不能常常弄到惠山泉（为啥呢？他家不是很有钱吗？还是说惠山泉属于限量供应商品，有钱也买不到？），又不能忍受普通的水，十分郁闷，一直想找口好泉替代之。某日"过斑竹庵，取水啜之，磷磷有圭角，异之。走看其色，如秋月霜空，噀（xùn）天为白；又如轻岚出岫，缭松迷石，淡淡欲散"。张岱越发好奇，扫开尘土草叶，见井口有"禊泉"二字，还很像王羲之的书法，于是果断取水泡茶，茶香勃发。只是新汲的泉水还有一点石腥味儿，又放了三天，味道散去，便成绝世好水。

张岱说禊泉水"取水入口，第桥舌舐腭，过颊即空，若无水可咽者"，他将这种水质形容为"空灵"。

经过张岱的品鉴和推广，"禊泉"迅速蹿红，身价百倍，有人汲水出售，有人取水酿酒，还有人在泉边开茶馆，还曾被好茶的当地长官封锁独享……"斑竹庵"的僧人们不胜烦扰，想方设法把泉水污染败坏了。张岱很是愤怒，带着人来淘井净水，水质恢复如初。但僧人们随后又污染之，如此斗智斗勇数回合，张岱最终不敌，"禊泉"就此被毁。

悲愤之余，张岱化身水利专家，又在自家祖坟旁开发了另一处好泉水，命名为"阳和泉"，据说"空灵不及禊而清冽过之"。估计这一次他吸取教训，没有大肆宣传，加上阳和泉附近也没有恶僧，总算是保全下来。今日绍兴阳和岭，此泉犹存。

显然自行开发好水的不止张岱一人，明代文人张源在《茶录》

（不是蔡襄写的那本，只是书名相同）一书中，还总结了一套"泉水指南"："山顶泉清而轻，山下泉清而重，石中泉清而甘，沙中泉清而冽，土中泉淡而白；流于黄石为佳，泻出青石无用；流动者逾于安静，负阴去胜于向阳。"指导大家如何按图索"泉"。

虽然轻、重、甘、冽云云，黄石青石之辨，未免有点过于玄了，但看起来还是很有逼格爆棚之感啊。

如果没有道潜、张岱那样的运气和执着，那么汲井水煮茶也不失为一种选择。

陆羽认为，只要是人们经常汲水的"活井"就可以，但后来的茶客则认为，井水"脉暗性滞，有妨茗气"，除非是"平地偶穿一井，适通泉穴，味甘而淡，大旱不涸"的"好井"。

欧阳修有一首《送龙茶与许道人》，煮茶的水就汲自深井——

我有龙团古苍璧，九龙泉深一百尺。

凭君汲井试烹之，不是人间香味色。

如果连井水都没有，那就只能把主意打到等而下之的"江水"上去了。苏东坡的一首《汲江煎茶》——

活水还须活火烹，自临钓石取深清。

大瓢贮月归春瓮，小杓分江入夜瓶。

雪乳已翻煎处脚，松风忽作泻时声。

枯肠未易禁三碗，坐听荒城长短更。

事实上，与惠山泉齐名的"中泠泉"，就是"江中水"，它的泉眼在长江江心，泉水从江中涌出，文天祥所谓"扬子江心第一泉"是也。

所以汲取中泠泉极为困难，要在子夜或者正午时分，用一种特制的带盖铜瓶，从判断是泉眼的位置沉下去，沉到一定深度时启动机关，迅速拉开瓶盖，装满水后再合上，然后平稳地把铜瓶从水中吊起。操作稍有失误，江水就混进去了。所以陆游曾有"铜瓶愁汲中濡水"的句子。（中泠泉又名"中濡泉"。）

后来长江改道，中泠泉上岸了，在金山寺内，但汲取仍然困难。明末文人张潮的《虞初新志》里有一篇《中泠泉记》，写他路过金山寺中泠泉，遍地茶楼，游人如织。他尝了尝，觉得就是江水的味道，怀疑自己可能遇到了假中泠泉，便漫山遍野去找，找到一块石碑，记载着上面所说的正确取水方法。张潮傻眼，只得黯然离开。

过了几天，他又到金山附近，同舟有一个"憨道士"，带着一个特别的葫芦，构造十分复杂，"朱中黄外，径五寸许，高不盈尺；旁三耳，铜纽连环，亘丈余，三分入环，耳中一缕，勾盖上铜圈，上下随绠机转动；铜丸一枚，系葫芦旁，其一缩盖上"。张潮缠着他打听这是啥，道士被缠得没法，神神秘秘地说："您要是和我一起去，我就分您一斛中泠泉水。"

张潮恍然，这就是传说中的"取水神器"啊，"跃然起，拱手敬谢。遂别诸子，从道人上夜行船"。

跟着道士走了两天，到了金山寺，"蹑江心石五六步，石窍洞洞然。道人曰：'此中泠泉窟也。'取葫芦沉石窟中，铜丸旁镇，葫芦横侧，下约丈许。道人发缏上机，则铜丸中镇，葫芦仰盛。又发第二机，则盖下覆之，筍合若胶漆不可解。乃徐徐收铜缏，启视之，水盎然满"。

两人立刻煮了一瓯水，"微吸之，但觉清香一片，从齿颊间沁入心脾。二三盏后，则熏风满两腋，顿觉尘襟涤净"。张潮激动地嚷嚷："水哉！水哉！古人诚不我欺也！"——"水啊！水啊！古人没有骗我啊！"（不知为啥，每次读到这里我都想笑，真是可爱的好事之徒啊。）

从张潮的故事来看，中泠泉真正的泉眼，似乎还在江水中，而"取水神器"不仅没有失传，还有新的改进，机关繁复，我看了又看，也没看懂那个"铜葫芦"到底是什么构造，如何操作。

茶客们之所以对水如此执着，实在是水之于茶，太过重要。明代文人张大复在《梅花草堂笔谈》中说："茶性必发于水，八分之茶，遇水十分，茶亦十分矣；八分之水，试十分之茶，茶只八分耳。"

谁愿意自家十分的好茶，被八分、六分甚至不及格的水连累了呢？

万一真到了走投无路，既没有好泉，也没有深井，还没有能够"自临钓石取深清"的江水时，想要喝好茶，还有一条路可走——取"天泉"。

所谓"天泉"，指的是雨水和雪水。妙玉那儿不管是"隔年的雨水"还是"梅花瓣上的雪"，都可以算作"天泉"。

虽然妙玉看不起"隔年的雨水"，但雨水却是"天泉"里的大宗。还是张源的《茶录》，关于"天泉"也有一个小指南，说是秋雨最好，梅雨次之，因为秋雨"白而洌"，梅雨"白而甘"。梅雨有"甘味"，会稍微影响茶的口感，清冽的秋雨则恰恰好。

一年四季，秋雨占得头筹，余下的冬雨就不如春雨，因为春雨得风和日丽、万物生发的"天地正气"。而夏雨最不可取，因为夏日多雷电暴雨，这是"天地之流怒"。

和各大名泉一样，"天泉"也有忠实粉丝，比如清代书画家丁敬就写的这样一首诗——

松柏深林缭绕冈，荈茶生处蕴真香。

天泉点就醍醐嫩，安用中泠水递忙。

诗中有一个小错误，唐朝"水递"运送的不是中泠泉，是惠山泉。但不管是中泠还是惠山，在丁敬眼中，"天泉"沏茶足以秒杀这些人间名泉。

还是这位丁敬，他最爱梅水煮茶，甚至写出了"常年爱饮黄梅雨，垂死犹思紫梗茶"的诗句，足见钟爱之甚。

至于妙玉珍藏的"雪水"，倒是评价不一。有人认为雪同样是"天地之流怒"，不可饮；有人认为"雪水虽清，性感重阴，寒人脾胃，不宜多积"；也有人觉得"雪为五谷之精，取以煎茶，幽人情况"。

但妙玉那句"梅花瓣上的雪"，古往今来，不知蛊惑了多少追慕风雅的孩子。我身边不止一个朋友，年少无知时看了《红楼梦》，于是去取"梅花瓣上的雪"，结果发现雪水融化煮开后损耗极多，一壶雪煮不出一杯水，疑惑妙玉得有多大一片梅花林供她采雪。

还有一个哥们更搞笑，说拿家里的新水壶出去装雪煮水。我问他："后来呢？"他说："后来我们家又用上了另一个新水壶。"

还记得一点小学自然课常识的朋友都知道，空气中的水汽形成雪花必须要有"凝结核"，所谓凝结核，就是空气中微小的固体颗粒——说白了就是灰尘。所以就算是"梅花瓣上的雪水"，也没可能是纯净的。

同理，雨水在下落过程中，也会吸附空气中的灰尘，所以不管是梅雨还是秋雨，一样不那么干净。

但如果因此就认为古人那些扫雪煮茶、采雨烹茶的享受，都是自欺欺人故作风雅，那也太小看前辈们的智慧了。

明代诗人钟惺有一首《采雨诗》，诗前的序言中，详细讲述了"采雨"的正确方式：用干净白布五六尺见方，四角系起，使之悬空，中间堆压一些干净的卵石，隔着白布在卵石下方放一只瓮来承水，雨水经过白布和卵石两道过滤，落入瓮中，"采之瀹茗，色香可夺惠泉"。

确实，古代排污和净化能力相对较弱，人群聚居处的地表水容易污染，而一般的地下水又往往比较硬，不算那些得天独厚的名泉，还真是以正确手法采集的"天泉"比较有质量保证。

不仅采集费事，"天泉"的保存也很有讲究，可不是随随便便搁在那里就好。

首先要往雨水雪水中投入"伏龙肝"做进一步的净化，所谓"伏龙肝"，指的是"灶心土"。古代烧灶，灶中长期柴草熏烧，会有"土块"凝结。取"伏龙肝"时要把灶拆开，取中心烧结而成的一块月牙形"土块"，除去四周的焦黑杂质，中间红黄色的一块，就是"伏龙肝"。

也就是说，每年为了采"天泉"，还得把家里的灶给拆了（当然也有可能拆的是别人家的灶……），这真不是拿水壶出门扫点雪接点雨，就能够直追风雅的呀。

总之，把新取的"伏龙肝"用纱布包起来，趁热投进水瓮中，然后把瓮封好，置于树荫下，一定不要让阳光直接照射。每到晴朗的夜晚，打开盖子，用纱布覆瓮口，"使承星露之气，则英灵不散，神气长存"。如是月余，得到的才是真正泡茶用的"秋水""梅水"，或"梅花上的雪水"。

最后，在水瓮中放入干净光滑的白石，就可以封存起来，随时取用了，"水味经年不变，甘滑胜山泉，嗜茶者所珍也"。

如果需要更长期保存，还要分成小坛，埋在树荫下，以保证存储温度、湿度和环境，妙玉那一"鬼脸青花瓮"的梅花雪，就是这么保存的。

如此种种烦琐折腾，只为一壶衬得上好茶的好水，正所谓"茶者水之神，水者茶之体，非真水莫显其神，非精茶曷窥其体"。这种对水精妙、优雅而又执着的品鉴，在中国茶文化中，几乎达到了人类身心感受的某种极致。

当然，一切饮食生活相关之事，对水质多少都会有要求，但从来没有像中国茶人这样，对看似平淡无奇的水的品鉴，趋于极致，而优美如诗，空灵如禅。

总觉得此中有"道"，但自觉修为不够，不敢多说。

三、得花精处却因茶

前面说到"对花啜茶"曾被认为是煞风景事，但花与茶的缘分，却从来未断过，就像是一对不被世人看好，却格外情投意合的情侣，从"对花啜茶"到"以花入茶"，情缘绵绵不绝，愈演愈烈。

这缘分开始的具体年代已不可考。明代文人罗廪的《茶解》中记载宋代蔡襄说："莲花、木樨、茉莉、玫瑰、蔷薇、蕙兰、梅花种种，皆可拌茶。"

这恐怕是以讹传讹，蔡襄并没有说过这样的话。倒是南宋词人施岳的一首《步月·茉莉》，其中有"玩芳味、春焙旋熏"一句，同时代的大词人周密作注曰："茉莉，岭表（岭南）所产，此花四月开，至桂花时尚有芬味，古人以此花焙茶。"——既然这里说是"古人"，那么茉莉花焙茶，应当是在南宋之前很久就开始了。

同时代的南宋宗室子弟，大玩家赵希鹄，在《调燮类编》一书中，详细记载了"以花焙茶"的方法。

他记载的可以焙茶的花不止茉莉，而是包括木樨（桂花）、玫瑰、蔷薇、兰蕙、橘花、栀子、木香、梅花等，似乎只要是有香气、无毒，又方便获得的花都可以拿来一试。（我估计这就是上面那句诸花"皆可拌茶"的出处，只是不知怎么被后人安到蔡襄头上去了。）

具体方法是采花中"半开半放香气全者"，摘去根蒂，去除灰尘虫蚁；取一个瓷罐，一层花一层茶地铺满，比例大约是"三停茶一停花"；再用绵纸把罐口封牢，放入锅中隔水加热；最后用绵纸封裹加热蒸出的茶，置于火上焙干，得到的就是"花茶"了。

这种方法虽然还很简单，但已经是后世窨制花茶的雏形了。只是当时这种"花茶"还比较"小众"，只是个别茶人自得其乐的小趣味而已。

花茶真正开始风行，大约是在明代。

挂在明代开国元勋刘基名下的一本生活百科《多能鄙事》（之所以这样说，是因为我很怀疑雄才大略的刘伯温哪里来的时间，写这么一本鸡毛蒜皮的"主妇宝典"）就记载了"花茶"的制法，用锡制四层盒子，隔断上打满孔，铺薄纸，上下层放茶，中间放花，每隔一晚换一次花，"去旧花，换新花"，换上三次，花茶就熏好了。

同样，在朱权的《茶谱》中也有类似记载，"百花有香者皆可，当花盛开时，以纸糊竹笼两隔，上层置茶，下层置花，宜密封固，经宿开换旧花，如此数日，其茶自有香气可爱。或不用花，用龙脑熏香者亦可"。值得注意的是，这里提到"用龙脑熏香者亦可"，再次佐证了花茶应该诞生于宋代或者更早，因为用龙脑熏茶，正是宋代制茶的风尚。

除了这些比较大费周章的花茶制法，明代文人们的笔记小说中，还记载了当时闺中流行的两种以花入茶的方式。

一种是"莲花茶"，在日出之前，选半开的莲花，将花瓣拨开，把"细茶一撮"放在花芯中，然后用细绳把花瓣系起来。到第二天早上摘下花，把花芯中的茶叶倒出来，用纸包好烘干。然后再另选半开的花，把烘干的茶叶如法炮制，"如此者数次"，最后把茶焙干，"不胜香美"。

而且不仅是莲花，所有有香气、足够大，能在花芯中放茶的花，都可以用这种方法制成花茶。

还有一种"茉莉花茶"，更加别出心裁，傍晚时分，取一个敞口容器，装一半热水，容器口用竹纸盖上，竹纸上穿孔，采初开未开的茉莉，倒栽在孔中，使之悬于热水上，而后再想办法连容器带纸整个密封起来。这样过一夜，茉莉花盛开，可以用来簪花啦、串手链啦，而那一壶浸透茉莉花香的水则用来沏茶，满室芬芳。同样，这种方法也适用于其他有香味又足够小的花。

但不管是大费周章还是小情小调，花茶仍然还只是个人雅兴，偶尔为之。真正把花茶从一种游戏变成一种茶品的，是我们的两个老熟人，"闵老子"闵汶水和张岱。

前面我们说过，闵汶水制茶，风行一时，称为"闵茶"，张岱形容"闵茶"，"色白"如芥茶，"香烈"似松萝。但当时就有人怀疑，"闵茶"特有的清晰强烈的兰花香，并非全是茶香，而是以花熏茶，"作弊"而来。

前文说到清初诗人周亮工的十首《闽茶曲》，其中有一首写的就是"闵老子茶"——

歙客秦淮盛自夸，罗囊珍重过仙霞。

不知薛老全苏意，造作兰香诮闵家。

诗中的"薛老"是福州人，与闵老子同时代，也是一位制茶大家，他一直认为"闵茶"香气造作，"常言汶水假他味逼作兰香，究使茶之本色尽失"，批评"闵茶"秾洌馥郁的兰香是"借来的味道"。

事实上，以花熏茶是松萝茶半公开的秘密。如"扬州八怪"中的汪士慎有"清品久为先达珍，幽芳岂是熏兰畹"的句子，还特意作注解："新安人以兰熏松萝茗，下品也。"

闵老子的"闵茶"是以松萝茶的工艺制岕茶茶叶，因此以兰熏茶，"假他味逼作兰香"，倒也不是没有道理。

闵老子的毕生知己张岱，也是一个花茶爱好者，以建兰、茉莉入茶，"吾兄家多建兰、茉藜（茉莉），香气熏蒸，纂入茶瓶，则素瓷静递，间发花香"。

后来他又自制"兰雪茶"，同样如松萝茶的制法，"扚法、掐法、挪法、撒法、扇法、炒法、焙法、藏法，一如松萝……杂入茉莉，再三较量，用敞口瓷瓯淡放之，候其冷；以旋滚汤冲泻之，色如竹箨方解，绿粉初匀；又如山窗初曙，透纸黎光。取清妃白，倾向素瓷，真如百茎素兰同雪涛并泻也"。此茶风行一时，甚至一度压倒了松萝茶。"四五年后，兰雪茶一哄如市焉，越之好事者不食松萝，止食兰雪。兰雪则食，以松萝而篡兰雪者亦食，盖松萝贬身价而俯就兰雪也。"——一种茶风行起来，其他茶就会跟风，古已有之。不过由此也可见当时人们对这种"假他味"逼出"花香"的茶，是多么认同和喜爱。

尽管"闵茶"和"兰雪茶"在市场上大获成功，但似乎在传统茶人们眼中，"花茶"始终是"小道"。

田艺蘅的《煮泉小品》里虽然记载了花茶的制法，但也吐槽道："有人以梅花、菊花、茉莉花荐茶者，虽风韵可赏，亦损茶味。"

而《闽茶曲》里的"薛老"则将之贬为"苏意"。——所谓"苏意"，是晚明一个流行语，直译是"苏州人的生活做派"，相当于现在人们说"小资情调"，既言其风雅讲究，又嘲笑其局促做作。

最刻薄的评价大概是书画家李日华在《紫桃轩杂缀》中所说："其（松萝）极精者，方堪入供，亦浓辣有馀，甘芳不足，恰如多财贾人，纵复蕴藉，不免作蒜酪气。"这是直接将茶中的"花香"比作"蒜酪气"，将花香逼人的茶，比作财大气粗、附庸风雅的商人。

这不免让人气结，我们好好的花香碍着谁了？

事实上，我觉得这样的争议并非针对花香，而是一个关于茶"香"与"不香"的恒久命题。

自茶诞生之日起，就一直有人试图以各种方式增加茶的香气，不管是早期简单粗暴的杂以姜桂，熏以龙脑，还是后来幽微雅致的以花入茶，以花焙茶，直至发展出精妙的窨制工艺。但同时也一直有爱茶人大声疾呼："茶之佳处不在香！"

或者说，他们追求的是一种源于茶本身的"真香"。

陆羽早在《茶经》中就说过，"其色缃也，其馨欼泌欼（sǐ）也"，"馨"即是香气，而"香至美曰欼"；赵佶也说"茶有真香，非龙、麝可拟"；朱权更将这种"真香"定义为"自然之性"："杂以诸香，失其自然之性，夺其真味。"写第二本《茶录》的张源则将之总结为："茶自有真香，有真色，有真味，一经点染，便失其真。"

有明一代，这种对"真味"的追求，进而发展为对"淡"的追求，所谓"茶之色重味重香重者，俱非上品"，"岕茶"始终被认为是顶级的茶，正是因为它"色白香幽"。

明末大名鼎鼎的"山中宰相"陈继儒老先生说："昔人咏梅花云'香中别有韵，清极不知寒'，此惟岕茶足当之。若闽中之清源武夷、吴之天池虎丘、武林之龙井、新安之松萝、匡庐之云雾，其名虽大噪，不能与岕梅抗也。"

明末"四公子之一"的陈定生，更是将这种"淡"视为"道"的表现，他说："（岕茶）色、香、味三淡，初得口，泊如耳；有间，甘入喉；有间，静入心脾；有间，清入骨。嗟乎！淡者，道也。"并感叹"虽吾邑士大夫家，知此者可屈指焉"。

诚然，"茶有真香"，但凡是爱茶之人，无论平时多么重口，或是多么粗心，必定都有真正感受到这种"真香"的时刻，那确实是如明代大家所形容的，"甘入喉"静入心脾"清入骨"，除了"茶香"无以名之的"世上最香的香"。

但这种"真香"与"花香"真的就不能兼容吗？茶之真香固然是"自然之性"，花的芬芳，且不管是浓烈还是淡雅，是甜蜜还是清幽，又何尝不是纯粹的"自然之性"呢？更何况，比起自然而然吐露芬芳的花朵，反而是茶，还要经过若干道加工呢。

我个人倒觉得，这种"真香"与"浓香"之辩，似乎更像是中国文人"出世"与"入世"的两种态度。"真香"的高远缥缈固然动人，但"浓香"中那种与现世生命相关的活泼的生气，那种实实在在的生命力与快乐，同样值得赞美与呵护。

而真正的中国文化精神，就是在这二者之间寻求平衡与共存。所谓的"中庸之道"，并非"和稀泥"式的和光同尘，而是能入能出，能远能近。既能跳出世俗羁绊，又始终对滚滚红尘与世间万物抱持同情理解之心；既能在清风明月之夜独自体味茶中真香，也能在明媚灿烂的春日里"对花啜茶"。

至于花与茶情缘的"结晶"——花茶，不管文人才子们贬也罢、褒也罢，因为老百姓的喜爱，自顾芬芳四溢地发展下去，渐渐成为茶中的"大宗"，直至今日。

明代诗人钱希言有一首趣致的小诗，写出了花茶的兴盛，十分可爱——

斗茶时节买花忙，只选头多与干长。

花价渐增茶渐减，南风十日满帘香。

四、茶具流变小考

写下这个章节的题目时，心中还是很有点惴惴的。真要写中国的"茶具流变"，不管是竹的清雅天然、瓷的气象万千、紫砂的巧夺天工，还是金属的华贵万方，任何一个门类，没有一本厚如砖头的大部头都是拿不下来的，更何况茶具还包括了那么多门类，让人眼花缭乱。

但是写茶而不写茶具，实在不像话。在我的朋友中，不止一个人因为迷恋茶具的美，最后掉进了喝茶的坑；而任何一个自称喝茶的人，如果还没有踏上搜罗茶具的贼船，就还不能算是个真正的茶客。

所以想来想去，还是就我所知的那一点点，写个小小的"小考"吧。

目前我们能看到的中国历史上最早的茶具，是东汉时的一个青瓷罐子，罐底有个"茶"字，因此推断大概是个藏茶的罐子。

而文字中最早的"茶具",见于倒霉的西汉辞赋家王褒那篇《僮约》,"烹茶尽具"四个字,第一次被明确提出,煮茶还是要一整套家伙什儿的。

王褒生活在西汉末年,和那个青瓷罐子的年代相去也不甚远,两下里一勾兑,我们估计王褒案头的那一套茶具里,至少应该已经有青瓷茶碗和青瓷茶罐了。

再往后就到西晋了,杜育的《荈赋》里有珍贵的十六个字:"器择陶简,出自东瓯;酌之以匏,取式公刘。"

"器择陶简,出自东瓯","东瓯"指的应该是当时盛产青瓷的越窑,也就是后世大名鼎鼎的"越州瓷",所以这还是在说青瓷碗或者青瓷罐子。

好在还有一句"酌之以匏,取式公刘",就是说多了一个瓢。"公刘"来自诗经《大雅·公刘》中"酌之用匏"一句,至于这个瓢是舀水还是舀茶,从"酌"这个字来看,大约是舀茶。

同为西晋人的左思那首《娇女诗》中,两个小姑娘煮茶玩闹,"吹嘘对鼎立",说明至少有个鼎,有个炉子,也许还有吹火筒。

好了,综合以上,我们看到从两汉到魏晋期间,可以确定的茶具有茶炉、鼎、水瓢、青瓷茶碗、青瓷茶罐。虽然肯定还不全,但已经很可以煮一炉茶来喝喝了。

到了唐代,啊!万幸我们有陆羽,他在《茶经》里不仅详细地记载了茶具的名称和功用，还开启了后世茶人写茶书时系统介绍茶具的优良传统。

让我们来看看陆羽《茶经》中罗列的茶具。

真是一看吓一跳，在他之前，我们想方设法地凑了一个炉子一口锅，一个罐子一只碗，还有一个瓢。而在《茶经》中，他一口气列出了二十六种茶具，有些还是闻所未闻，字都不认识的。

好在陆茶神十分体贴地一一解释，那我们就跟着神仙来认认茶具吧——

风炉（带一个"灰承"）：煮水煮茶的炉子，铜或者铁铸，三足如鼎，以莲花、藤蔓、曲水、方文等花纹装饰；三足之间有三个"窗"，其中一个用于通风和掏灰。"窗"里有铁架子，做出三层间隔，一格装饰游鱼图案，刻有八卦中的"坎卦"，一格装饰翟鸟图案，刻有"离卦"，一格装饰彪兽图案，刻有"巽卦"。（这是因为离卦主火，翟是火禽；巽卦主风，彪是风兽；坎卦主水，鱼为水生。风能兴火，火能熟水，所以一般风炉上都会刻这么一行字："坎上巽下离于中。"）"灰承"是一个铁盘，上面有三足，风炉就架在上面。

筥（jǔ）：就是一个直径十几厘米，高三十多厘米的竹筥或者藤筥。这里没说装啥，后面说可以用来装茶碗，我估计主要是装炭的。

炭挝（zhuā）：一头细一头粗的铁棒，使用时握住细的那一头。也没说做啥用的，估计是用来把大块的炭捶开的。（有人说是用来捅炉子，或者扎取炭块的。个人觉得不像，因为明确地说，"执细头，系一小镶，以饰挝"就是说使用时是握着细的那头，挥动粗的那头。）

火筴：就是俗称的"火筷子"，通火或拨火的工具，用铁或熟铜制成。

鍑（又写作"釜"或者"䥇"）：就是煮水煮茶的锅。这口锅的要求是内壁光滑，易于洗涤；外壁粗糙，容易导热；把手方正，象征"正令"，即"遵循天时"；开口宽大，象征"务远"，即"清芬远播"；底部圆长，象征"守中"，即"内心安定"。材质方面有瓷烧，有石制，瓷与石做锅都很雅致，但是很容易破损，最好是用银锅，洁净又高雅，可是又太奢侈了。最后陆羽郁闷地总结道：还是用铁锅吧。

交床：锅架子。

夹：烤茶的容器。最好是现剖一节小青竹，一头有节，节上开口，把茶塞进去在火上烤，竹液（就是之前说的"竹沥水"）渗进茶中，增加其清香鲜洁。随后陆羽就忧郁地吐槽说：除非在山林中煮茶，不然没法这样搞，所以还是用精铁或者熟铜来做吧，至少用的时间长。

纸囊：装茶的纸袋子，最好用又厚又白的剡溪藤纸来做，以保持茶香长久。

碾（带一个"拂末"）：把茶碾碎的碾子，形制如药碾子，最好用橘木，其次用梨木、桑木、桐木或者柘木。"拂末"顾名思义，就是用来清扫碎末的，以鸟的羽毛制成。

罗、合、则：这三样东西是一套，"合"就是"盒"，装茶筛和茶则的盒子。"罗"是筛茶末的筛子，竹边，纱绢面。"则"是取量茶末的工具，相当于现在的量茶匙和茶则的合体，用海贝、金属或竹木制成，大小有一定的制式，一般一升水用一则茶，具体可以根据个人口味增减。

水方：取水量水的容器，一般是木质，一方水就是一升。

漉水囊：过滤水的工具，用生铜做框，这是因为熟铜容易长绿锈而铁有腥气，有山中隐者取材方便，所以用竹木做骨架，但是陆羽这样的"城里人"还是建议用生铜，比较耐久。以青竹细丝编成囊状，裹上"碧缣"。（没说为啥一定要是绿色细绢，估计是为了和青竹丝配套好看，也可能是滤出什么东西来不至于太触目，坏了兴致。）讲究的还会用"翠钿"装饰，（好奢侈！）再用绿色油布袋子装好。

瓢：就是舀水的"瓢"，前面我们说过，杜育《荈赋》里"酌之以匏"的那个瓢。"匏"是葫芦，所以最早的瓢就是把葫芦剖开，后来改用木制。

竹筴：简单地说，就是"搅水棍"。在煮水时搅出漩涡，好将茶末投入中心，使之起沫饽。名为竹筴，其实是木制的，最好用桃木、柳木、蒲葵木或者柿心木，两头包银。

鹾簋（cuó guǐ）：就是盐罐子，瓷制，圆口径，带个小勺。

这里需要岔开来多说一句，《茶经》中提到煮水时加一点盐，后世便常有人据此说唐人喝茶加盐。这真是冤枉陆羽了，他最痛恨茶中下姜桂盐豉，而他往水中加的这一点盐，其实说得很清楚，剂量非常关键，很考验水平，要加得完全尝不出咸味。因此我的理解是，在净化水技术还不够发达的古代，煮水时加这一点盐，起到消毒杀菌和净化水的作用。

熟盂：储水罐，储存净化之后的"熟水"，质地为瓷或者陶，容量为两升。

碗：茶碗。唐代的茶碗，又叫作"盌（wǎn）"或者"茶瓯"，个头比现在的茶杯大许多，浅一些。陆羽以茶碗的优劣，给唐代六大名窑排了个座次——

最好是越州瓷（窑址在今浙江上虞、余姚一带），其次是鼎州瓷（窑址在今陕西泾阳），再次是婺州瓷（窑址在今浙江金华），再次是岳州瓷（窑址在今湖南湘阴），至于寿州瓷（窑址在今安徽淮南）、洪州瓷（窑址在今江西丰城），就是最后的选择了。

六大名窑排定座次之后，陆羽又说，现在半途杀出个"邢州瓷"（窑址在今河北邢台），有人说比越州瓷还要好，但他不能苟同。在陆羽看来，邢瓷如银，越瓷如玉，邢瓷如雪，越瓷如冰。银不如玉，雪不如冰，所以邢不如越。而最关键的是，邢瓷白，茶汤会泛红；越瓷青，茶汤显得发绿。总之，青瓷最衬茶色，白瓷次之。寿瓷是黄色，衬得茶汤发紫；洪瓷是褐色，显得茶汤发黑，就更不适合做茶碗了。

畚：白蒲草编的容器，用来放茶碗，一般放十几个。也可以用前面说的筥，铺上剡溪藤纸来装茶碗。

札：把棕榈皮束好，用茱萸木夹或者竹管缒起来捆好，形状像一只大毛笔。没说是做啥用的，估计是喝完茶收拾的时候涮涮扫扫用的。

涤方：就是一个水桶，用来洗锅瓢碗盏什么的，容积大约是八升。

滓方：另一个水桶，用来装残茶废水啦、烤过茶的小青竹啦、装过茶的剡纸袋啦之类，容积是五升。

巾：类似今天的"茶巾"，说白了就是文艺版的抹布。不过比茶巾尺寸大许多，一条足有二尺，也就是六十多厘米，质地是粗绸布，一般准备两条，替换着用。

具列：相当于今天的"茶案"或展示架。所谓"具列"，就是将诸多器具陈列开来的意思，也就是说能把煮茶品茶的家伙什儿全部摆开。一般是木制或者竹制，刷漆，有时做成"床"形（长九十厘米，宽六十厘米，高十八厘米），有时做成架子。

都篮：茶具专用整理箱。竹编，带盖。前面引用刘禹锡的诗句，"稽山新茗绿如烟，静挈都蓝煮惠泉"是也。

以上二十六种茶具，是唐代煮茶的标配。此外如果要插瓶花啦、焚个香啦、摆点水果啦，就各人另行配置了。

而陆羽的可爱之处，在于他不仅列出了每样茶具的样式、材质和用途，还在列出"高配"提升大家的眼界与品位之余，又给出了平民版的低配替代方案，并时时安慰地表示，还是低配版价廉物美、经久耐用。真不愧是来自民间的"茶神仙"，太接地气儿了，手动点赞。

而接下来为我们介绍宋代茶具组合的这两位，画风迥然不同，这固然是因为他俩一个是国家重臣，一个是风流天子，也因为由唐至宋，饮茶的方式和风尚也发生了相当大的变化。

说到宋代茶具，首先开讲的是我们的老熟人——"疑似处女座"的蔡君谟。

前面说到，蔡襄写了本《茶录》，上篇写茶，下篇写器，可见他把茶器放在非常重要的位置。

但他的记载却比陆羽要简单，统共只有九种茶具——

茶焙：烘茶的工具。唐代只是碾茶前将茶先烤一烤，而宋代则是把日常喝的茶放在文火上长时间微烘，随用随取，"常温温然，所以养茶色、香、味也"。茶焙的样子像两头空的竹篓，裹着箬竹叶(一说是烘茶时用新鲜箬叶把茶裹起来)，因为箬竹叶有"收火"的功效，不会把茶烤黄（其实就是增加湿度和均匀散热），上面有盖子，以保持热度，中间有隔，以增加容量。下面可以放个小火盆之类的生火容器，和茶隔着一尺（三十多厘米）。烘茶需文火，要用糠把炭煨起来，还须时时以手试温度，保持在"火气虽热，不烫人手"的状态。

茶笼：箬竹叶编的存茶容器。暂时不喝的茶要用纸裹好密封，放在箬竹笼中，于高处存放，不可接触湿气。

砧椎：捣茶的工具。宋代的茶具中既有砧椎，又有茶碾，有时人们会把二者混淆了。实际上砧椎的作用是把茶饼敲成小块，而茶碾是把小块茶饼碾成细末。砧相当于砧板，不过我看到的都是类似捣蒜臼的造型，木制。椎就是个小锤子或者粗短棒，蔡襄建议用金制或铁制。

茶钤（qián）：烤茶的工具。一个金或者铁制的小钳子，用来夹着小茶块在火上烤炙。

茶碾：和陆羽介绍的茶碾功效与形制一样，把烤过的小茶块碾成细末。不同的是，陆羽建议用木制，而蔡襄建议用银或者铁制。——这倒是挺有意思的，之前只要是金属质地的，蔡襄都推荐用金，没有金就用铁。这里却特别提到银。原因是碾茶要迅速把茶碾成末，因为碾的过程会发热，时间长了会影响茶性，金太软了，不方便受力，所以推荐银制。

茶罗：筛茶的筛子。点茶要求茶末足够细腻，因此筛底越细密越好。蔡襄推荐用四川东川的鹅溪绢——这是一种细密的白绢，自唐代便是贡品，因为在上面作画特别好，所以又名"画绢"。

茶盏：茶碗。因为要用来点茶，宋代茶碗都非常大个，一般直径都有十几厘米，比现在的小饭碗还要大，比较浅，通常高五到八厘米，往往是敞口的形制，如斗笠形、葵花形等。

蔡襄特别推荐建瓷（窑址在今福建建阳），因为点茶的茶汤颜色发白、不透明，而且除了看茶汤，还要看云雾和水渍，所以青黑釉色的瓷最受欢迎，而陆羽推崇的青白瓷，则被蔡襄认为"其青白盏，斗试家自不用"。——日常喝喝茶还可以，但斗茶的行家高手是不用的。

蔡襄说建瓷颜色黑青纯正，不像其他地方的黑瓷带褐色或紫色；纹如兔毫，与缭绕的云雾相得益彰；足够厚，点茶前要先把茶碗烤热，碗壁厚则散热慢，温度持久。所以最适合点茶斗茶。

唉，这里忍不住插句嘴，蔡襄虽然把茶盏的使用和选择要点说得很清楚，也推荐窑址，但完全没有表达出宋代茶盏的一个关键点，那就是美！

真的，感兴趣的朋友们不妨上网搜一下宋代茶盏的图片，最好能到相关的博物馆看看实物，那真是美得无法形容。

不管是蔡襄推崇的建窑，还是其他的名窑，如汝窑（窑址在今河南临汝）、官窑（窑址在今河南开封）、定窑（窑址在今河北曲阳）、哥窑（窑址至今未知）、均窑（窑址在今河北禹县）……不管是蔡襄推荐的纯正凝重的青黑色，还是雨过天晴或如冰如玉的青，远山积雪或团酥凝脂的白，青翠欲滴或蒙茸鲜嫩的绿，天高云淡或湖光潋滟的蓝，云蒸霞蔚或繁花似锦的红紫……不管是蔡襄推荐的纤细致密的兔毫纹，还是金丝铁线的开片、瑰丽奇幻的窑变、若隐若现鬼斧神工的刻花、古雅质朴的剪纸贴花、灵动别致的油滴点、玳瑁纹、鹧鸪斑……都仿佛是在用最直观最具象的方式，淋漓尽致地诠释"美"这个意象。看到它们，就会懂得为何中国瓷曾经让整个世界痴迷和疯狂。

茶匙：点茶用具。就是根长柄的大勺子，但是造型非常丰富精美，不仔细看会以为是簪子。蔡襄说茶匙要重，点茶的时候才能"击拂有力"，然后不出所料地，他仍然推荐以黄金打造，又很欠地接了一句："人间以银铁为之。"（虽然知道这个"人间"指的是"民间"，还是觉得"难道您在天上喝茶？"）

汤瓶：煮水壶。像一个长身的酒瓶，有盖，有把手，瓶嘴弯曲细长。宋代的汤瓶是直接放在炉子上煮水的，所以壶嘴在半身甚至更高的位置。一般大概十几厘米高，比较细，装的水并不多，差不多一壶水能点一杯茶的样子。

因为点茶时要单手持汤瓶直接往茶盏中注水，而且对注水的技术要求还很高，汤瓶就不可能太大，同时点茶的水不能"老"，就是说不能沸腾太过，所以也不能一次装太多的水。

于是，再次不出所料地，蔡襄又推荐用金子打一个，"人间以银铁或瓷石为之"。——其实要我说的话，若以瓷石为之，对工艺要求才是惊人呢，这可是要直接放在火上烧的呀。

总之，蔡襄介绍的茶具，就是这么九种。为什么比陆羽的茶具少了这么多？我觉得，除了饮茶方式的变化以外，更主要的是，若干环节蔡襄他不用自己动手啊。

因为不用自己生炉子点火，也不关心水从哪里来，品完茶也不用收拾打扫，更不用管茶具怎么摆放和搬运。所以他列出的茶具里，就没有什么风炉、炭篓子、水桶、抹布、整理箱之类的东西，自然显得精减高级又美观。

但是别忙，还有比他更精减高级的茶客在后面呢。

宋徽宗赵佶，我们前面说了，也是一代宗师级的点茶高手。他写了一本《大观茶论》，清晰翔实、文采斐然，同样是茶史上一部重要作品，甚至似乎比蔡襄的《茶录》还要丰富和靠谱。——

赵佶果然是除了做皇帝之外，做什么都很出色的人啊。

其中有几节是关于茶具的，一共写到六种茶具，比蔡襄还少了三种。

仔细看看，原来烘茶、烤茶、捶茶这些事儿也都不必皇上亲自动手，所以他笔下的茶具就只有罗、碾、盏、筅、瓶、杓。

其中茶筅是个新鲜玩意儿，它取代了茶匙，在点茶过程中用于击拂茶汤形成云雾，并收拢控制云雾的体量和走向。此物至今犹存，日本茶道中仍在使用。

但宋代的茶筅和日本现今常用的并不一样，从现存的点茶图片来看，它的柄更短，更像是柄上伸出一丛长长的细竹丝，有时还不是圆形的，而是扁扁的，甚至还有双头的。

赵佶建议，茶筅最好用苍劲老竹来做，柄要厚重结实，而筅（也就是竹丝）要疏朗有力，末端粗壮而尖端纤细锋锐，像一支支细小的利剑。柄厚重结实，则击拂有力而易于操作，尖端疏朗锋锐，则能够激起云雾而不生浮沫。

至于茶碾，他同意蔡襄的观点，最好用银制，不然就熟铁。说到茶罗，也就是茶筛，他也没给出新的材质建议，只是说一定要多筛几次，不要怕筛多了浪费茶末，至少筛两次以上，汤面才会凝结而焕发，茶色才能尽显。（造价两千万元一斤的茶，也就只有他建议不要怕浪费吧。）

最后说到汤瓶——也就是水壶。有过手冲咖啡经验的朋友们都知道，手冲咖啡最关键的工具是壶，尤其是壶嘴的构造，决定了出水大小的控制。一把好的壶，水量能收能放，需要有力直击时如飞瀑，需要逐滴浸润时如连珠，所以高手往往会随身带着自己常用的壶。

其实点茶也是如此，而且比手冲咖啡要难多了，对壶嘴的要求也更高。赵佶作为点茶高手，在这方面深有体会。

他说汤瓶金制银制都好，大小形状看各人的手劲和喜好，其实无所谓，关键就在于壶嘴。壶嘴与瓶身连接处的口径要大，造型要通透宜于走水，这样注水的时候水流有力而不散；壶嘴出水的部分口要既小且圆，并有一定的转折角度，这样能够有效地控制出水量，不会在改变水量时滴沥不尽，点茶时才能够随心所欲地使力，而汤面不破，云雾不散。

宋代茶具，被赵佶评说之后，应该是已经登峰造极，至少在考究这一点上无人超越了。谁知过了两百多年，忽然冒出个后生，就茶具的问题对赵佶隔空喊话，指手画脚。

谁这么大胆？仔细看看……好吧，他还真有资格这么大胆。论出身，他也是真龙之血；论才华，他也是琴棋书画诗酒茶无所不通，还比赵佶多了一份军事才能……说到这里大家应该已经猜出来了——宁王朱权。

前面说过，朱权生活的时代，饮茶方式正在从点茶向瀹茶转变，朱权写的《茶谱》里，关于茶具的部分，主要还是点茶的茶具，也仍是那么几种。不同的是，他对一些材质提出了新的见解。

比如茶碾，朱权认为金银铜铁都不好，因为容易碾出金属碎屑混进茶里，最好是用"青礞石"。这是一种石头，也是一味中药，取其有化痰去热的功效。

又说茶罗并非是绢最好，而是纱最好，绢筛出来的茶末太细，而茶末太细则"茶浮"，茶末泛于水上，不易点出好茶。

又说茶匙，蔡襄觉得黄金最好，赵佶推荐老竹子，但朱权号称试过世上所有的材质，发现椰子壳做的茶匙最好。（好吧，要是别人说试过世上所有的材质，我是不信的，但宁王殿下这么说，我还就信了。）

又说到茶盏，这可真是风水轮流转，明代淦瓷（窑址在今江西新淦）仍在生产类似建瓷的青黑色兔毫盏，但茶人们已经不追捧了，他们重新开始追捧青白瓷，因为"注茶清白可爱"，而这时最好的茶盏是饶州瓷——后来的景德镇瓷。

最后说到汤瓶，古人多用铁壶，但宋人反感生铁，于是崇尚金壶，要么就是银壶。但朱权觉得还是瓷壶或石壶最好，只是因为要直火加热，所以很考验工艺，必须是最好的工匠烧制。

从朱权对茶具材质的选择中，可以看出从宋到明饮茶风尚的转变，更崇尚自然，更随意、更自我。而朱权恰好是在这种转变节点上的人物，在他之后，就再也没有人在茶书中长篇大套地讨论茶具了。

当然，我觉得还有一个原因，自从散茶瀹饮盛行之后，之前繁复的茶具渐渐被弃置，而之后的工夫茶具还没有成形，因此那时可以说是中国茶史上，茶具最简单的时代，如果不把点茶的茶具也写进去的话，就实在没什么好写了。

大致搜罗归纳了一下当时茶书中偶尔提到的茶具——

汤瓶：瓶要小，宜候汤，若大瓶嗫存，停久味过，则不佳矣，金银为优，不能具则瓷石足取。（另一部《茶录》的作者明代的张源建议用锡，"愚意银者宜贮朱楼华屋，若山斋茅舍，惟用锡瓢，亦无损于香色味也"。）

茶盏：雪白者为上，蓝白者次之。莹白如玉，可试茶色。（这时人们已经开始不清楚宋人为何推崇建瓷了，明代文学家屠隆在《考槃余事》中说"建盏其色绀黑，似不宜用"。）以小为佳，不必求古。只宣、成、靖窑足矣。（"宣、成、靖窑"指的都是景德镇瓷，分别是宣德、成化和嘉靖年间的官窑。——好家伙！每一件放到后世都是宝贝，当时却只轻飘飘说一句"足矣"。）

拭盏布：饮茶前后，俱用细麻布拭盏，其他易秽，不宜用。（还有一种称为"茶帨"的，与拭盏布相仿，"用新麻布，洗至洁，悬之茶室，时时拭手"。)

分茶盒：以锡为之，从大坛中分用，用尽再取。

茶瓮：用以藏茶，须内外有油水者（内外挂釉），预涤净，晒干以待。

茶壶（或称"茶注"）：以时大彬手制粗沙烧缸色者为妙，其次锡。（特别注意！这时紫砂壶已经开始流行了，这里的"时大彬"就是明代万历年间"紫砂四大家"之一时朋的儿子，宜兴紫砂壶的一代宗匠。而所谓"粗沙烧缸色"茶注，指的就是紫砂壶。同样，《闵老子茶》一文里，闵老子待客用的是"荆溪壶"，荆溪是宜兴地名，"荆溪壶"指的也是紫砂壶。）壶以小为贵，每一客，壶一把，任其自斟自饮，方为得趣。壶小则香不散，味不耽搁。

梜：以竹为之，长六寸，如食箸而尖其末（像筷子而末端是尖的），注中泼过茶叶，以此夹出。

从这些茶具中，已经可以看到我们今日惯常使用的茶具的雏形。再往后发展，到袁枚晚年入武夷山品茶，"杯小如胡桃，壶小如香橼"，分明就是熟悉的工夫茶具了。

关于今日常用的茶具，我们放到后面关于日常饮茶的章节里再细说。这里仍回头说与茶相关的事物。

除了前面写到的酒、水、花、瓷、竹、纸、木、石等，与茶有渊源的风雅而有趣的事物，还有许多，很遗憾这里不及一一道来。

如果将茶之一物，视为中国传统文化中的一个"锚点"，那么借由对它的了解与感悟，向它的身外之物延伸，可以关联出一整幅鲜活而又厚重的中国传统文化生活场景，并绵绵不绝地铺展开去，如此悠长，如此丰富，又如此美好。

这是生活的美妙之处，也是文化的动人之处。

第六章：如何说爱你

让我们从岁月深处回到现实生活，从诗意与文化回到平常时光，以一个最普通不过的爱茶人日常饮茶的经历和经验出发，"纯闲聊""纯喝茶"。一切仅供参考，或者只是谈资。

我始终认为，饮茶是一种非常私人也非常自我的感受和体验。喝得出还是喝不出，喜欢还是不喜欢，舒服还是不舒服，纯粹是每个饮茶者"冷暖自知"的事。

西方谚语中将"心头好"说成"我的那杯茶"（My cup of tea），尤指特别的那个人，而喜欢一个人，或不喜欢一个人，很多时候，是没有任何道理可讲的。

所以，也许这世上没有人可以教别人如何品茶，爱茶人所能做的，只是将自己的感受、经验和体悟分享给他人，就像是在合适的时候，以擅长或偏爱的方式，用心泡一壶茶，珍重地请人来细细地品一品，推心置腹地聊一聊，这就足够，这就最好。

一、绿茶篇：是谁飨我以最美的春色

关于绿茶前面说了很多，这里只需记住一点：绿茶是没有经过发酵的茶。——这就意味着它比较自然、比较本色、比较"小清新"，需要温柔细致地对待。

这份温柔细致，首先在于水质和水温。

我始终抱持这样一种信念，每一个茶客，到最后都会发现自己学会了品水。就像张岱诧异地写道："昔人水辨淄渑，侈为异事。诸水到口，实实易辨，何待易牙？"——品水有何难处？是不是对的水，你一定能够尝出来。

所以泡茶时，请尽量用"对的水"。

何为"对的水"？传说中的名泉或"梅花瓣上的雪"显然并不现实。倘若游玩途中，机缘巧合遇到传说中的好水，最好想法子用喜欢的茶来试一试，或许会成为难得的风雅经历和谈资。

可在日常生活中，我们不妨把标准简化一下：纯净水，越纯净越好。

这个标准适用于一切茶。

我知道这里有朋友要举牌"反对"了。不是说过于纯净的水对人体并无裨益，而蒸馏水不可饮用吗？

纯净水的利弊有待商榷，日常饮用水中含一定的矿物质和微量元素对人体有益却是事实。然而要知道，饮茶和喝水是两回事，日常生活中茶不能代水，饮水不妨多样化一些，各种矿泉水，处理过的自来水，兼容并蓄。至于泡茶嘛，还是认准纯净水好了。

当然，我相信有的是比纯净水更合适泡茶的矿泉水，但茶与水的结合是相当复杂微妙之事，每一次泡茶都可以看作一次极小型的化学实验。很可能一种矿泉水泡某一种茶极为出色，但换一种茶就成了车祸现场；或者在某个水温时色凝香发，但水温高几度低几度就难以入口。

如果是资深"茶痴"，不妨上下求索地为每一款喜欢的茶找出最合适的水。但对于我等普通的茶客来说，选择纯净水无疑是最方便、性价比最高的"最优解"。

所以，在水的选择上，我的建议是：干干净净、简简单单的纯净水。

同时还请为煮茶的纯净水准备一只专用的水壶。

可以不必是红泥小火炉和无烟无味的银霜炭，更不必是蔡襄推崇的金壶，陆羽艳羡的银壶，或是宁王殿下特制的瓷壶石壶，也不必是名家手作陶壶，或是年代久远的老铁壶……家电超市里买的不锈钢电水壶、杂货摊上淘来的搪瓷壶，或者家传的洋铁壶都没有问题，只是注意不要再用这只壶煮其他的水。——这个要求并不高，但是相信我，对你的饮茶生涯来说，这很重要。

说完了水质，接下来说水温。

过高的水温是绿茶的大敌。如果你说不曾真正感受过绿茶的芬芳、清爽和甘甜，那么，先把水温降低十度试试。

如果你说习惯了一杯滚烫的绿茶捧在手心的感觉，那么相信我，水温低个5℃～10℃，你的手并不会有特别明显的感觉，可你的茶会有。

个人经验，泡绿茶的时候，在给出的建议冲泡温度范围内取最低值。

比如建议"80℃～90℃冲泡"，那么就用80℃的水，甚至比建议的最低温度再低个5℃都不成问题。

如果没有建议冲泡温度，就以80℃为基准，再上下微调。

具体要怎么控制水温呢？

我们知道古人发明了各种听汤辨汤的法子，并要求煮水时全神贯注。但你我就不必那么麻烦了，因为我们有温度计。

是的，温度计是我建议的必备"茶具"之一。虽然有可以设定温度的烧水壶，但还是温度计更为准确，也更容易控制，而且测水温的金属温度计相当便宜，使用和携带也很方便。

什么？你说金属温度计不够风雅美型，与茶席不搭，和饮茶不衬？那么小小的不起眼的一支，随便塞在哪个角落里或藏在抽屉里就好嘛。

有朋友送我一罐曾见于古代传说诗赋中的"仙人掌茶"，建议冲泡温度是 80℃，但我泡出来总觉得就是普通炒青茶的味道，完全感受不到传说中古老蒸青茶的风味。

于是我试着用 70℃ 的水冲泡，茶叶舒展得稍微慢了一点，但还是很惬意地伸展开来，茶汤从淡黄绿色变成了一种荫荫的、淡淡的、纯粹的绿，香味更浓郁而内敛，入口没有一点苦涩，只有蒙蒙的清气和越来越强烈的甘甜。十度水温的差别，让它变成了另一种茶，与我喝过的任何一款绿茶都不一样，也让我大发了一番思古的幽情。——虽然我用的是一只最普通不过的直身高筒玻璃杯。

没错，试过了各种茶杯之后，我觉得直身高筒玻璃杯是绿茶最好的选择。

虽然在西安法门寺唐代地宫遗址曾出土玲珑剔透的玻璃茶盏，但所有古代茶书中从未提及玻璃茶具，大约与中国古代玻璃制造技术未曾普及有关。

可玻璃杯实在是绿茶最好的选择，看茶叶在透明的茶汤中舒展轻扬、载沉载浮，是品饮绿茶特有的乐趣，用玻璃杯看得最清楚，还可以各个角度全方位地欣赏。

同时冲泡绿茶水量要确保充足，所以杯子不能小，同时又最好是能一手拿住的尺寸……将以上需求综合起来，得出的结论就是一只直身高筒玻璃杯。

除去对水温和水质的要求，绿茶的冲泡几乎是最简单的。

先用滚水把茶杯烫过，然后根据自己的喜好投茶。一般铺满杯底就可以了（差不多三四克的样子），之后再逐步调整。

绿茶是否需要洗茶？这一直很困扰我。我倾向于还是不要洗了，因为绿茶永远是第一泡才是最美好的，洗过之后就再也寻不回那份精气神十足的"初心"。如果一定要洗茶，那就请尽量用偏凉的温水，尽快地冲洗一遍后立刻冲泡。

绿茶的冲泡有上投下投之分，即往茶叶中注水，还是往水里投茶的区别。一个简单的原则：越贵越娇嫩的茶，越倾向于往水里投茶，而遇到粗老便宜的茶叶，只管往茶里注水就好。

但以我的经验，只要茶量适宜，水温恰当，同一款茶，上投下投几乎没有分别。而具体操作时上投比下投要麻烦，所以建议不管什么茶，一律下投准没错。

真要讲究手法的话，不妨把一段式冲泡改为两段式。

就是第一次注水时，先注入杯身三分之一到四分之一的水量，再稍稍等一会儿。

等茶叶在浅水中完全舒展，等杯身握上去没有烫手的感觉，这时茶香特别浓郁清冽，充盈在窄窄的杯身中。此刻，你不妨凑近杯口尽情地闻，就像是埋首于一丛茶树的新叶中，又像是脸朝下扑进一整片香草地——如果一下子注满一整杯水，便无法感受到这种浓缩氤氲的芬芳与清气了。

接下来再往杯中加满水，就得到了一杯清冽、甘甜、蒙茸而香暖的绿茶。对着光，你会看见茶汤中有极细的绒毫在游动，就像光柱中闪烁飞舞的星尘，这是好绿茶特有的"景致"，也是为什么大家都说玻璃杯最宜绿茶。

而绿茶的香气与甘甜，大半来自这细细的微小的绒毫，所以绿茶不要用茶滤，也不适合分杯，最好就是捧牢自己手中的一杯，细细品味。

第一泡总是最香最甜，微苦回甘，还有一种生机勃勃的鲜意和锐气。

但别太贪心，不要一气喝尽，这样第二泡的味道立刻就跑了。要在留有三分之一杯茶汤的时候第二次续水，这时应该是"茶气"最足，"茶味"最浓的时候，每一种绿茶的特性于此时展现得淋漓尽致，记住这一刻的感受，就是记住了这款茶。

如果到第三泡时仍有明显的香气和味道，这款茶请一定要珍惜，第三泡时晚香犹抱的绿茶实在难得。我试过太多好茶第二泡时还色香味俱佳，到第三泡忽然就零落殆尽，为"红颜弹指老，刹那芳华"现身说法。

　　而再好的绿茶，也只有三泡的时间，第四泡就无论如何回天无力了。如果你遇到第四泡仍有余香余韵的绿茶，那我只能说，你可能喝到的是黄茶。

　　黄茶与绿茶颇为相似，制作工艺多了一道"闷黄"，因此属于轻度发酵茶。茶叶和茶汤颜色更黄，有时甚至呈现杏子的浅金黄色，茶感也更沧桑，风味更圆熟，苦涩更轻，甜醇更明显，有时还会比绿茶多出一些"不像茶味"的味道：玉米的嫩浆香，栗子的粉香，甚至淡淡的烟熏气息……总之都是绿茶绝对不会有的特别味道。

　　尽管如此，黄茶还是很像绿茶。放久了的绿茶同样会发黄，多数绿茶冲泡出来的茶汤也带着黄色，程度不一。所以把两种茶弄混淆，实在是我等小白茶客常犯的错误。

　　事实上，黄茶中最有名的君山银针和岳阳毛尖，很长时间里，我就一直以为它们是绿茶。

　　对此，我个人的建议是混淆就混淆了吧，其实也没太大关系，因为黄茶完全可以像绿茶一样冲泡和品饮：直身高筒玻璃杯，三四克茶，80℃水，两段式冲泡。最后得到什么味道，随缘就好。

莎翁说过："一朵玫瑰，不把它叫作玫瑰，它还是一样馥郁芳菲。"

最后，简单总结一下绿茶（包括黄茶）冲泡的一般要点——

水：纯净水

水温：80℃

投茶量：铺满杯底（3～4克）

茶具：水壶、温度计、直身高筒玻璃杯

冲泡方式：

1）滚水烫杯；

2）投茶，注入茶杯三分之一到四分之一的水；

3）待茶叶舒展开，汤色显现，杯中水温与体温相当时，注满水；

4）每次重新注水前，杯中留三分之一的茶汤；

5）三泡尽矣。

二、红茶篇：我可否将你比作一个夏日

小时候，曾对红茶抱有浪漫的憧憬。

这份憧憬来自那些英伦小说，一场又一场茶会，衣香鬓影，大蓬的玫瑰在园子里盛开，镶着金边的骨瓷茶壶、天鹅绒壶套、

银制小勺和奶罐、青瓜三明治和涂满奶油与玫瑰酱的司空饼……

与美好的想象形成鲜明对比的是贫瘠的现实，很长时间里，我对红茶的全部了解，都来自最普及的那款红茶包。

其实茶包也能做出美味的红茶饮品，后面我会提到。但当时不管是自己泡的茶包，还是快餐店里的红茶（他们用的也是茶包），都难以下咽，颜色之沉暗，味道之苦涩，简直让人怀疑不是茶而是咖啡渣。做成奶茶或冰茶后则只有一点黯淡的红色，完全尝不出和茶有任何关系。以至于我有种荒谬的错觉，认为那明艳、甜美、芬芳四溢的红茶，只是一个文学意象，仅仅存在于文字编织的幻想中。

事实证明我错了。红茶中自有超出想象的绝色、绝香与绝味，只是年少的我不曾遇到。

当然我也知道，即使遇到了，当时的我也会把它们糟蹋成茶包。

闲话打住，还是先来认识一下红茶吧。

中国的茶客们也许很难想象，放眼世界，红茶为大，占全球茶叶产量的百分之八十。除了中国和日本，在世界上绝大多数地方说到"茶"，指的都是红茶。而以英国为核心，更是发展出了一套繁复的红茶礼仪和文化，其琐碎精妙、丰富广博，亦颇有可取之处。

还有一点和大多数人的想象不一样，红茶属于全发酵茶，发酵程度仅次于黑茶，比乌龙茶还要高。尽管如此，在品饮上，它却表现出一种与绿茶相似的娇嫩柔弱之感。

这种娇嫩柔弱表现在红茶对水温和时间近于苛刻的要求上。

水温对绿茶也很重要，但上下几度的偏差影响还不是那么大。红茶却真是"增一分则太涩，减一分则太酸"，稍有差池味道就完全不对。

即使水温对了，还有一个"出水时间"的问题，就是泡多久后把茶汤从茶壶里倒出来。

绿茶无所谓出水时间，泡好一杯捧在手里慢慢喝就是了；青茶、白茶、黑茶和普洱，头几泡只管速速出水就好，之后稍微拖长点时间就是。

但红茶完全不同，真是"早一刻则无香，晚一刻则太苦"，同样需要集中注意力，不能有丝毫马虎。

因此，关于绿茶的冲泡，我可以给出还算简单明了，放之诸绿茶（还包括黄茶）皆准的建议，但红茶的冲泡就要多费一些口舌了。

首先，不同于绿茶只需要一个玻璃杯，红茶需要配套的茶具。

英式红茶的全套家伙什儿，摆开来也是一大桌，细说起来也非常讲究。英伦小说和电视剧里，每到下午茶时，总有燕尾服白手套的管家推着满满当当的小车出来。

即使我们不走英伦范儿，至少也需要茶壶、茶滤和公道杯。

关于茶具的选择，我们后面单开一章细说，这里先简单带过。泡红茶的茶壶不能太小，容量至少得在 250ml 以上，公道杯的容量应该要比茶壶还要大一点。

红茶的投茶量大于绿茶，一般以 5 克为基准，上下微调，而且对投茶量的精准度要求更高，所以建议备一个小电子秤。——我知道，不管是走英伦风还是中国功夫红茶，茶席上出现一只电子秤都很煞风景。但和金属温度计一样，现在的电子秤也做得非常方便迷你，随便塞在哪个角落里藏起来就好。

冲泡前先用滚水把所有的茶具烫一遍。红茶是否需要洗茶，也是见仁见智，我还是主张不洗。如果一定要洗的话，同样建议用温水迅速冲洗，然后赶紧冲泡。

泡红茶一般用 85℃ 的水，冲入茶壶，盖上盖，立刻出水，出水时用茶滤。虽然有些红茶壶自带滤网，但这种滤网的网眼较粗，还是会漏出茶末或者细叶，因此茶滤是不可少的。

第一泡的出水时间不要超过 30 秒，之后每一泡增加 30 秒，红茶通常可以到三泡，茶气特别足时能多抢出一泡来。

但这些只是建议的温度和时间，具体还是要根据不同的茶叶来调整。如果入口不苦涩，但是也没有香甜气息，那就是时间短了；入口觉得涩就是时间长了；味道和气味发酸，就是水温低了；茶汤苦涩、香味不明显，则是水温高了。

当一切都恰好时，红茶呈现出的应当是一种明亮的橙色——是的，好的红茶并不是红色，而是橙红色甚至纯正的橙色。

而好红茶的香气则应该直接而馥郁，成熟又美妙，从花香、果香、坚果香到蜂蜜香，甚至红酒香，总之一定是偏暖偏甜，让人心情愉悦的那种香。没有一点生涩的清气，没有任何圭角和锋芒，是所有茶香中最成熟也最甜蜜的，一种放诸四海皆准的无远弗届的香，只要你闻到了，就不可能不喜欢。

同样，好红茶的味道也最为柔顺、香滑而甜美，不需要打开味蕾，不需要慢慢体味，不需要品饮习惯的培养，只要一口，就会让人觉得：哇！好好喝！

难怪英国剧作家阿瑟·平内罗曾说："红茶之所在就是希望之所在。"

我喝到过的那些最好的红茶，真的像是满杯穿透花瓣的阳光，或是融化的蜂蜜、琥珀与黄金，但顶级的蜂蜜也没有那么暖、那么柔滑又那么甘爽的甜美。在食物中几乎找不到可以与之相比的味道，只能借助通感来描述：像是金嗓子的少女轻柔哼唱的歌声，像是拥抱着小婴儿、毛茸茸的宠物或是阳光下晒透了的白床单的喜悦，像是开满花的清晨阳光落在眼皮上暖融融的幸福慵懒……每一泡、每一杯、每一口都给我"可遇不可求"的感觉，而冲泡完美的好红茶，也确实可遇而不可求。一定、一定、一定，要用正确的水温，在正确的时间里，以正确的方式冲泡它，只要有一丝差池，它的芬芳和甜美就会无情地从手边溜走。

所以在我看来，红茶才是最娇气，最有公主脾气，最难伺候的一种，冲泡起来最考验技术，还要运气加成。如果看到这里，你对壶泡红茶有了心理阴影的话，那么还可以考虑另一种比较简单可靠的冲泡方式。

这种冲泡方式，只需要准备一只足够大的茶杯和一个滤茶器。

茶杯的样式随你喜欢，但内壁最好是纯白色，或者是透明的玻璃杯。

滤茶器是一个可开合的镂空金属小容器，带一个长柄或一条链子，有些是纯金属的，有些是金属和硅胶的组合，各种造型，非常可爱。

把5克左右的红茶装进滤茶器，往茶杯中倒满85℃的纯净水，再把滤茶器浸入水中，轻轻摇晃搅动，同时观察水色的变化，当杯中呈现出一种饱满、清澈而明艳的稍深的橙红色，并散发出茶香的时候，把滤茶器从水里拎出来，搁在干净的小碟子或者杯子里。

这时，你就得到了一杯泡得恰到好处的红茶。不知为什么，这样泡出来的红茶，颜色会比壶泡的略深，香气和甘甜也略逊，但好处是不容易出现车祸现场，味道也算不过不失。

这样泡还有一个好处是，在冲泡的过程中可以不停地小口尝味道，直到觉得"哎，这个味儿对头"为止，所以几乎不可能失手。

红茶包也可以这样泡（还可以用一次性的茶袋代替滤茶器自制茶包），但要先把茶包放在杯中，然后注入85℃的热水，拎着茶包的棉线轻轻摇晃搅动，直至汤色和茶香达到最佳状态，再把茶包拎出来。用这种方式，即使是最普通的红茶包，味道也不会太差。回想起来，小时候喝到的那些难以入口的红茶，多半是因为没有及时把茶包从茶汤中拎出来。

明白了这个道理，下次点一杯红茶，发现店家给你的是"茶包＋热水"时，也可以用这个法子让这杯茶尽量好喝一些。

事实上，我用这种法子泡红茶的时候偏多。因为我们往往并不是单纯地需要一杯红茶，是要以这杯茶为基础，做出各种饮品或甜品。

红茶大约是所有茶类中最具有包容性、最"百搭"的一种了，干花、鲜花、香草、香料、蜂蜜、糖、果汁、果酱、牛奶、奶油、冰淇淋、巧克力、蛋糕、小饼干、水果、干果、坚果、酒、碳酸饮料……所有这些加进红茶里，它都hold住，甚至只要手法得当，都能做成美味。

好了，关于红茶，我们就说到这里。最后简单总结一下红茶冲泡的一般要点——

水：纯净水

水温：85℃

投茶量：5克（或一个茶包）

茶具：水壶、温度计、电子秤、茶壶、茶滤、公道杯（或滤茶器、大茶杯）

冲泡方式：

1）滚水烫茶具；

2）称量茶叶，投入茶壶；

3）茶壶注水后，迅速通过茶滤将茶汤倒入公道杯中；

4）第一泡出水时间不超过30秒，之后每一泡增加30秒，通常红茶可以三泡，有时能多抢出一泡来。

或者——

1）称量茶叶，装入滤茶器；

2）杯中注满热水；

3）将滤茶器浸入水中，轻轻搅动，直到汤色和香气达到最佳状态，将滤茶器拎出。

三、茶具篇：浪费生命于美好

写到这儿，发现必须插一楼关于茶具的内容了。

前面简单叙述了中国茶史上茶具的流变，这里不妨继续沿袭古人体例，将现今日常使用的茶具罗列出来，并以我个人的观感和使用经验略加评说。

不敢说"仅供参考"，只能说是回顾喝茶的时光，发一点关于茶具的闲聊和感想吧。

有些茶具是必备款，有些则是"有最好，无也罢"，还有些虽不在我的守备范围内，但或许只是机缘未到，还未能感受它的好处，所以也应聊备一格。

因此我把茶具分为三类：基础版、进阶版和致臻版。而不是采用通常的分类方法，这一点还请读者朋友们理解。

基础版

水壶

之前说过，应该有一只水壶专用来煮纯净水泡茶，是什么壶倒无所谓。但最方便的还是能置于案头的电水壶。

茶铲

茶铲是取茶叶用的，避免手与茶叶接触影响味道口感（如果不那么讲究的话，直接用手抓一把茶叶其实也没事儿）。有时也叫"茶匙"，但中国茶道中的"茶匙"是另一种东西，后面会说到。

电子秤

前面说过，建议备一个迷你的电子秤，使投茶量更精确一些。

温度计

前面还说过，建议备一支金属温度计，方便控制、调整泡茶的水温。

茶壶

茶壶是门学问，要讲究起来，十本书都不够写，多少预算都不够用。

资深茶客会给每种茶配不同的壶，这当然最好，"养壶"的过程也非常有趣。但初入门或是只把饮茶作日常休闲的朋友们，"一把茶壶走天下"也不是不可以。

最好是在品茶之初，先入一只"百搭款"的茶壶，日后"喝深了"，再为喜欢的茶单独配壶。

想要"百搭"，紫砂、青瓷、汝窑之类质地润泽的就暂时不要考虑，这些材质容易受茶汤的浸润"感染"，泡不同的茶会影响彼此的口感。最好选玻璃、搪瓷或者骨瓷这种光洁易清洗不留痕的，每一次泡茶之后，把它彻底清洗干净。（注意茶壶一定不要用化学洗剂，必要时可以用点茶籽粉来清洗。）

同样，如果只选一把壶，那么选大一点的，容量至少要250ml以上。不同的茶对茶壶容积需求不同，但大壶可以勉强"向下兼容"。

至于壶的形制、颜色和花纹，只有一个要求：一定要选自己喜欢的。不管在旁人看来多么奇葩，多么不搭，只要自己觉得开

心就好；而不管旁人怎么交口称赞，不喜欢就不要勉强。

比如我一直欣赏不来紫砂壶中"供春壶"的古怪造型，但架不住身边的茶痴们人手一只；还有一个朋友，一直用手冲咖啡的名壶"月兔印"泡茶，习惯了觉得也挺有腔调的。

水盂

盛放泡茶过程中产生的废水和残茶。基本上，有点容积，能耐高温的敞口器皿都可以充当，微波炉玻璃碗啦、不锈钢洗菜盆啦、陶瓷小砂锅啦都可以，只要你喜欢。

有个朋友置了只挺漂亮的陶罐当水盂，这很正常，出奇的是她还把它当笔洗用，所以有时里面是一汪残茶，有时是一摊墨水，但看久了也就习惯了，还颇有几分"啜墨玩茶"的风雅。

茶滤

茶滤的作用是将茶汤中的茶渣碎末滤出来，得到更纯净的口感。——也有观点认为茶渣碎末也是饮茶的一部分，更增风味，这就是见仁见智的问题了。

公道杯

公道杯原本的作用是均匀茶汤的浓度。即使是同一壶茶，最先出水的一杯和最后出水的一杯，浓度必然不同，口感也随之有别，倒入公道杯里再分杯，可以保证每一杯浓度口感一致。据说潮汕一带的泡茶高手，以"关公巡城""韩信点兵"的手法保证杯中浓淡一致，因此并不需要公道杯。

但对于我等普通茶客来说，公道杯更主要的作用是迅速把茶汤全部倒出，以免残留在壶中影响下一泡的口感；同时可以把茶滤架在公道杯口，得到更纯净的茶汤。因此不管你用什么手法，公道杯都是必需的。

选择上还是那句话，无论旁人看来多么不搭，自己喜欢就是最好。

其实只要是有一个出水的"尖嘴"又能耐高温的容器，都能充当公道杯。有一个朋友（为何我身边奇怪的朋友那么多……）特别怼公道杯，也不知前后摔碎了几只，最后愤然用一只做花式咖啡时打奶泡用的彩钢拉花杯当公道杯，也还蛮有风格的。而我出门在外，经常把一次性的纸杯捏个尖嘴权当公道杯来用。

不过还是有一个小要求，就是公道杯的容积要比茶壶大，不然很容易出现手忙脚乱茶汤乱淌的状况。

此外还有一个小心得：我一般用两个公道杯。

因为有的茶头几泡要迅速出水，越快越好，公道杯上搁个茶滤，总会造成那么一点点阻碍，使得出水延迟那么几秒。这时我会用两个公道杯，先以迅雷不及掩耳之势将茶壶嘴冲下扣在一个公道杯上，让茶汤毫无阻滞地尽情倾入；再把茶滤放在另一个公道杯上，把这杯茶慢慢滤进其中，就两全其美，什么也不耽误了。

茶巾

严格说来，茶巾指的是"茶席"，而那种用来擦拭茶渍的小块"茶巾"，叫作"洁方"或者"受污"。

但在初级阶段，大可以不必细分，准备一块大一点儿的茶巾（其实干净的小毛巾也行），既可以在注水和出汤时当垫布用，又可以随手到处擦一擦，就足够了。

需要注意的是，洁方只需轻轻搓洗，不要用洗剂，随着时间流逝，让深深浅浅的茶渍层层叠叠地留在上面，其实正是茶道中所欣赏的时间带来的美感。

茶杯

根据不同的茶来选不同的茶杯，实在是一种乐趣，一个不小心就会沉迷其中。我身边的茶友们家中都是满坑满谷的茶杯，连我也收了二三十只各不相同的。

如果还不打算如此沉迷，至少也应该准备一只直身高筒玻璃杯泡绿茶，一只中等大小的骨瓷杯喝红茶，一只小小的手杯喝青茶、白茶、黑茶和普洱，还有一两只小茶杯待客。

有了这么几样茶具，就很可以舒舒服服地偷片刻闲，喝一泡茶了。

但是渐渐地，你会觉得这里那里似乎缺点什么，这种感觉，意味着需要将你的茶具提升一下了。

进阶版

茶席

要在案头为茶布置起一个小角落，不妨以茶席来划分属于茶的"势力范围"，先铺好茶席，再把茶具一一列上去。

如果平时不打算摆开茶席，那么当你想要认真地泡一壶茶，自得其乐也好，招待朋友也好，第一个动作也应该是铺开茶席，再把要用到的茶具一一摆开。

其实放开思路，茶席未必一定要用"茶席"，毛巾、围巾、布料、桌布、餐垫、竹席……都可以作茶席，还有朋友用宣纸、墙纸甚至扇面来作茶席，也十分优雅、趣致而美观。

茶船

或名"茶盘"，双层，上层放茶壶茶杯，有镂空花纹或孔隙，可以把水漏到下层，而下层是一个储水的小深盘。它比茶海或是茶案更小巧，适合放在案头，上面恰恰放一只壶，一两个小杯子，很方便的淋杯和养壶。

茶壶

为何要在这里重复强调茶壶？因为到了这个阶段，一只百搭万用的茶壶估计已经满足不了你了，你应该已经新置了一两只心爱的小茶壶。

这时就有必要聊一聊"开壶"和"养壶"的事儿了。

到网上随便搜一搜"开壶"，会出现一堆让人眼花缭乱的教程，教你用陶罐煮，往壶里塞满豆腐煮，用甘蔗水煮，塞甘蔗渣煮，用茶叶煮……复杂得让人都不敢轻易买壶了。

可我总觉得"开壶"其实没那么玄，与其说是必须的准备工作，不如将之想象为一个小仪式，从此你与这只壶订立了某种精神契约，共同享受茶之美妙。

具体到"开壶"的方法，我一般是先用自来水冲洗；再把壶放在水盂里，注入煮开的纯净水，淹没茶壶，静置，直至水完全变凉。

这时把壶拿出来，用干净茶巾仔细擦拭一番，你准备以后用这只茶壶泡什么茶，就先泡上一壶，但不要喝，把每一泡茶汤都倒进水盂，直至足以淹没茶壶。而后连同壶中的茶叶一起浸入水盂中的茶汤里，静置一整天。

最后把茶汤和茶叶倒掉，茶壶冲洗干净，还是用茶巾擦拭一番，这只壶就可以用了。

所谓"养壶"，指的是泡茶时时以茶汤浇灌心爱的茶壶，再以茶巾擦拭；天长日久，它会渐渐焕发出一种温润又内敛的光华；养得好时，真如珠宝美玉，让人明白了为何古代会有抱着心爱的茶壶同归于尽的"壶痴"。

但这同样应当轻松对待，随缘就好。这一阵子喝茶多一些，把壶多养养；过一阵子忙起来，也不妨暂时放一放。为了"养壶"而养壶，未免失去了茶中真意。至于用"养壶机"或者托别人帮忙养壶的做法，我只能叹一句"舍本逐末"了。

壶垫

既然用到茶船，就该给茶壶配上壶垫了。壶垫通常是藤竹或丝瓜络做的，也有麂皮或鹿皮质地的。不管哪种，平时只需要晾干就好，不必洗涤，和茶巾一样，就让茶渍自然地浸染，使之渐渐呈现出岁月与茶的风貌。

杯垫

有了壶垫，那也该给茶杯配上杯垫吧。杯垫的材质造型颜色有许多选择，只要觉得能和茶杯搭配就 OK。

盖置

盖置是个非常小的小玩意儿，作用是放置茶壶盖——似乎显得有点"多此一举"。但如果你曾有壶盖滚落摔碎的惨痛经历，就会知道它其实有多重要了。还有些盖置做得实在可爱别致，完全可以当茶宠来养。

茶则

又名"茶荷"，它的前身就是陆羽《茶经》中所说的"则"，最初的作用是量取茶叶，所以叫作"则"，意思是"准则"。

泡茶前，先将茶叶置于茶则上，看看状况、闻闻干茶香，估计一下量多量少（还可以作为称量时的容器，连茶则带茶叶一起放上电子秤），然后再用茶匙把茶叶从茶则上拨进茶壶。

单看以上这段话，它的功能似乎有些多余。但如果你得到一罐珍贵的好茶与朋友共享，那么在泡茶之前，大家先把茶叶传看一番，也是一种乐趣。这个时候，有一只美丽而有质感的茶则，就显得颇为重要了。

茶匙

在英式下午茶中，茶匙指的是"茶铲"，同时也指类似咖啡勺的小勺，用来搅拌红茶。

但在中式茶道中，茶匙的造型是长柄扁头的一根签子，用途是把茶叶从茶则中拨进茶壶，或者将叶底（泡过的茶叶）从茶壶中拨出，所以又叫"茶拨"，有时它也被叫作"茶则"。（和一切源远流长的器具一样，茶具的名称也有各种混淆和假借，大家不必深究，领会精神就好。）

茶漏

茶漏和茶滤又是一对经常被混淆的茶具，它俩造型相似，只不过茶滤中间有网纱，而茶漏是一个空心的漏斗状圆环，因此又叫"茶环"。

作用也和漏斗相似，放在茶壶口上，方便往茶壶里拨茶叶。

这又是一个看上去多余的作用，但如果你有过珍贵的茶叶撒了满桌的经历，就会觉得还是得有这么一个小玩意儿比较好。

茶针

被称为"茶道六用"，又名"茶道六君子"的系列茶具中（包括茶铲、茶匙、茶夹、茶针、茶漏和装它们的茶筒），我觉得最实用的就是茶针了。

茶针的造型也是一支长柄签子，一头尖，一头宽扁，宽扁的那头通常还带点钩形。所以它完全可以取代茶匙，用宽的那头把茶叶拨来拨去。

同时，茶壶嘴和壶身连接的地方有一些孔洞，这些孔洞时不时会被茶叶堵住，影响出水，这时就需要用茶针尖的那一头给戳开，因此茶针又叫"茶通"。

此外它还有一个挺重要的功用，有时我们冲泡的不是散茶，而是从茶饼上敲下来的一小块，在冲泡的过程中，还需要把茶块戳散，这时又需要用到茶针了。

所以我的建议是：茶道六君，唯取一针。

需要注意的是，茶针虽然有用，但不是万能的。把茶分饼割成小块的"茶针"，是另一种茶针（我已经被茶具混乱的名称弄得没脾气了……），"六君子"里的茶针不能用来开茶。我曾目睹竹茶针被用来开茶，结果粉碎性"腰斩"的惨剧，真的不想看到第二回了。

茶枕

此茶枕非彼"茶枕"，不是茶叶充填、明目安神的枕头，而是像一个迷你的笔搁，用来放置茶针、茶匙之类的长柄茶具。显然这又是一个没什么实际用途的小东西，但它同样不占地方又很好玩，还可以做得非常趣致，也能当茶宠来养。

茶罐

既然都有这么多茶具了，也不能总把茶叶搁在保鲜袋或者牛皮纸盒子里对吧，多少该置几只茶罐，来存放最喜欢的那几款茶。

茶刀

曾有把茶饼（包括沱茶和砖茶）分成小块时惨痛经历的朋友们，都知道一把好茶刀有多么重要。有时它的造型不是一把利刃，而是像个尖锥，因此也叫"茶针"。

分茶盘（附一双白棉布手套）

分茶时用来放置茶饼，以便用力敲凿切磋。——不夸张，分茶的过程真有可能非常惨烈，我不止一次血洒当场，后来大彻大悟地备了一双厚白棉布的劳保手套。

分茶盘是一个方形抽屉状的竹木盒子，一角有一个缺口，方便把分好的茶倒进茶罐。

茶包袱

外出时装茶具用，通常是个束口的夹棉口袋，看上去圆鼓鼓、胖墩墩的，有时还做出间隔，好在旅途颠簸中尽可能地保护茶具。大小不一，有的只能装一只壶，有的能装下一壶四杯。

茶宠

和茶具放在一起的小摆件，泡茶品茶的过程中把玩逗弄。如果经常用茶汤去浇，它们会变得越来越有光泽灵气，就像是用茶汤养育的小宠物一样。前面说过，也可以把盖置、茶枕之类的小玩意儿当茶宠来养。

花器

布置出一个属于茶的小角落之后，左看右看，会觉得最好还是再放一小瓶花。茶席上的插花，尤其是简单的小茶席，一般都是小小一瓶，疏疏地两三朵，甚至不必是花，随意折一两枝草茎枝叶，也颇足以陪茶入画。

至此，你已经铺展开了一幅茶席，展现出属于你的审美、风格和趣味了——这也是饮茶生涯中最大的乐趣之一。但"生也有涯，知也无涯"，爱茶人对茶具之美的追求，也是永无止境的。

致臻版

茶案

专为茶道打造的案几，有各种精巧贴心的设计。

茶海

又名"茶台"，材质造型往往比茶案更丰富和工巧（有些茶案本身就是一张大茶海），可以放下整套茶具和各种茶宠摆件，通常有上水器方便取水，接通电源方便煮水，下水管连接茶桶方便排水，可以很自如地在上面进行各种操作。

关于茶案和茶海，我想多说几句，虽然有种种好处，但需要注意的是，它们不同于在案头摆开的茶席，或是一只简单的茶船。

当你面前是一张茶案或茶海时，品茶就成为一件十分纯粹的事。不管是自己独饮，还是与朋友共享，"茶"就是主角，是"分内事"，是主要精力关注之所在，而不再是随性而为的行为。

所以，你一定要明白，当你打算置一张茶案或茶海时，就相当于你打算将自己生命中的一部分时间，完完全全地交付给茶。否则一时兴起置办起来，之后又任由它们在一旁积满灰尘，则未免有些罪过可惜。

茶桶

就是陆羽《茶经》中所说的"涤方"，接残茶废水用，一般巧妙地藏在茶案底下，与茶海的下水管连接，神不知鬼不觉地就把废水处理了。

上水器

有些上水器与茶案或茶海是一体的，有些与电水壶一体，也有单独的上水器，总之是配合桶装纯净水的小工具，其作用就是：一键操作，把桶装水吸灌到水壶中。

好吧，被我这么一写又觉得这个功能太无聊了，但如果你是用桶装纯净水的话，还是蛮有用的工具。

煮杯锅

一般我们都是把用过的茶杯洗洗干净，用之前再用沸水和茶汤冲烫一下就好，但讲究的茶客们还会用沸水给茶杯消毒，这时就要用到煮杯锅了。

茶夹

"茶道六君子"之一，主要作用是把茶杯从煮杯锅里夹出来，或者把茶杯夹进煮杯锅，顺带还可以夹一夹落在茶盘上的茶叶渣什么的。

如果没有煮杯锅的话，此物十分鸡肋，但如果用了煮杯锅，就显得十分必要了，毕竟不是每个人都能够徒手从沸水中取出茶杯。

茶筒

"茶道六君子"之一，外形像一个小笔筒，用来放置其他五位

"君子"。

好了，至此，中国茶道中的"六用"就凑齐了，但我还是那个观点：茶道六君，唯取一针。

养壶笔

前身应该是陆羽《茶经》中所说的"札"，外形仍然像一支大毛笔，泡茶过程中闲来无事的时候，就拿它蘸着茶汤把茶壶茶宠刷来刷去。虽然好像还是有点无聊，但总好过"养壶机"这种奇葩的发明。

盖碗

有些茶更适合用盖碗来冲泡，因为盖碗口大，香气容易发散，所以遇到以"香"著称的茶，比如铁观音、水仙、肉桂之类，会相得益彰。

需要注意的是，盖碗诞生之初，是用来喝绿茶的，即著名的"三才杯"。这种盖碗杯身比较大，也比较浅，口略收，杯盖上的钮也不大，喝茶时拿着杯托（就是盖碗下的小托盘，也叫"茶船"——我说过，茶具的名称彼此重复借用的太多，还是不要较真的好），所以盖碗本身烫手与否关系不大，才会有薄如蝉翼、薄得透明的盖碗出现。

而现在常见的盖碗则是泡茶用的，经过了改良：杯身收小、加高，杯口敞开，方便出水；盖钮加高，盖钮上的凹槽加深，方便出水时按住。

尽管如此，用盖碗泡茶仍然是个技术活儿，我总说这是因为它发明出来就不是泡茶用的。反正我有限的几次尝试，没有一次不是被烫到或是失手摔了杯子，因此已经放弃了点亮这个技能点。

至于在某些古装剧里，看到拿改良后的盖碗泡绿茶待客，也只好苦笑摇头了。

叶底赏盘

所谓"叶底"，指的是泡过之后滤尽茶汤的茶叶，叶底赏盘就是用来盛放叶底的容器，以便品评赏玩，通常是一个白瓷盘，方便观察颜色形状。

虽然叶底之于茶，大致相当于"咖啡渣"之于咖啡。但从没听说过咖啡渣有什么把玩品评的价值（虽然有时人们会根据咖啡渣的形状来算命），而品评"叶底"却是讲究的茶客品茶过程中特有的环节和乐趣，并有一系列的品评标准，以及与之相应的优美形容——

若是红茶，好的叶底应当是"红匀""红艳"；绿茶则追求"绿润"或"绿明"；传统乌龙茶的叶底呈现特有的"绿叶红镶边"：棕绿的叶心，宝红色镶边，最好是"三红七绿"的黄金比例……形状则曰"柔嫩"、曰"肥壮"、曰"匀齐"、曰"舒展"，最有诗意的是形容芽叶细嫩且完整相连的叶底，叫作"芽叶成朵"……

有一种说法是，如果你买茶，提出要求看"叶底"，老板就会对你另眼相待，觉得你懂行，不能轻易糊弄。因为"叶底"最能表现茶的品质，一览无余。

必须承认，对于像我这样的寻常爱茶人来说，鉴赏叶底未免太过高端专业，我倒是更倾向于遇到好茶的话把叶底拎出来嚼一嚼。

但倘若对"残渣"的鉴赏都有这许多讲究，可见"茶"之一道，在中国实在发展到了某种极致。

茶剪

有些茶叶是密封包装的，这就需要用茶剪把包装袋剪开……好吧，其实它就是个剪刀，顶多造型别致小巧一点，用个手工剪也没有任何问题。

密封夹

把茶叶包装剪开后，有时还需要再密封起来，所以要用到密封夹。

藏茶罐

长时间存放茶叶的容器，一般习惯于用陶瓷或锡铁。（关于藏茶，我们在后面会专门讲到。）

醒茶罐

如果把"藏茶"视为茶的冬眠，那么"醒茶"就是把茶唤醒，这时就需要把茶从藏茶罐里取出，分装进醒茶罐备用。

杯笼

装茶杯的容器，前身是陆羽《茶经》里的"畚"，但是要小巧许多，毕竟我们现在的茶杯比唐代的茶碗也要小许多。

杯架

茶杯比较少而且低调的时候，可以用杯笼装起来，如果茶杯多了，或者很想展示出来，就需要动用杯架了。

茶炉

后面我们会说到，有的茶煮一煮更有风味，所以喝茶喝到最后，总归是要置一只茶炉的。

茶炉有炭炉也有电炉，怎么看都是炭炉更风雅更有标格。但是良心地建议，用电炉吧，电炉更方便、更干净、更安全。不是我不相信今日茶客们的生活技能，但如今要在家中生个炭炉子，可能还是有点困难和危险的。

煮茶壶

最常见的煮茶壶是近年来流行的铸铁壶，此外还有铜壶、银壶、陶壶乃至珐琅壶，倒是还没听说金壶煮茶，或许有，只是我不知道。个人觉得还是陶壶最好，没有异味异色，容易打理。

壶叉

茶煮好时茶壶已经滚烫，倒茶时要防备壶盖掉落就不能直接上手，得用壶叉把壶盖压住。而往壶中加水时，也要用壶叉把壶盖叉起来，同样避免烫手。总之这又是一个看上去用处不大，用起来却让人心生感激的小工具。

壶垫

煮茶壶用的壶垫不同于普通壶垫，一般是用铸铁或者木石质地，要能够耐受刚刚离火的壶底的高温。

煮茶钵（附一个长柄舀水勺）

与煮茶壶功用相同，但是一个敞口大钵，更容易观察烹煮过程中茶汤的变化，也可以时不时地尝一尝煮得怎样了。煮好的茶汤则要用一个长柄勺舀进茶杯里。

斗茶盒

最初是茶客们"斗茶"时装茶叶的盒子，也是茶道修养和格调的体现，所以对其质地和造型要求很高。现在则是有追求的茶客们短期外出时装茶用（没有追求如我，一般就用个密封袋了），密封巧妙，恰好装一两泡茶。

茶篮

茶包袱的升级版，可以装更多的茶具，前身应该就是陆羽《茶经》中的"都篮"。通常是一个藤竹编的大收纳盒，分隔巧妙，可以从容地塞进整套茶具和各种零碎，有些有绸带和提手，有些则是用一张大茶席作为包袱皮包裹起来。

当然，也有现成的旅行茶具套装，有些还设计得颇为巧妙可爱。但我总觉得，进阶到这一步的茶客们，应该已经是走到哪里，都不能和自己最心爱的那些茶具分开了吧。

好了，关于茶具，就说到这里吧，事实上我也没法再说出更多了。

明清之际，一个叫冯可宾的文人，写了一本《岕茶笺》，以他最喜欢的岕茶为引子，将自己的饮茶心得一一道来。其中茶具的部分，他没有如前代茶人般罗列品评，而是简单地说："适意者为佳尔。"

说到茶具，这六个字其实就足够了，无论繁简奢俭，师法自然有其真意，极尽工巧有其苦心，一壶一杯有其洒脱，满案琳琅有其虔诚珍重……只要是出自一份自然而然的爱茶之心与欣赏之感，怎样都好，适意者为佳。

四、白茶篇：温一壶清冽的月光

前面我们说过，白茶出现得很早，也许还在绿茶之前。但在历史上，"白茶"这个名称的含义却几经变化。

它或是指某个特殊的产地，如陆羽《茶经》中提到的"永嘉县东三百里有白茶山"——可惜陆羽虽然懂茶，地理却不太好，永嘉县（今浙江温州）往东三百里已经到了大海之中。或是某些特别的树种，如宋徽宗《大观茶论》中津津乐道的"自为一种"的珍贵变种茶，"偶然生出，虽非人力所可致"。

而以古老的萎凋烘干工艺制成的茶，被归为"白茶"这个类别，应该是在明末清初之际。

生于明代晚期的名士屠隆，在《茶说》中写到"青翠香洁，胜于火炒"的"日晒茶"时，还没有给它冠以"白茶"之名；而写作《闽茶曲》的清初诗人周亮工，写过一本笔记小说《闽小记》，其中则提到了太姥山的"白毫银针"。

直至今日，顶着"白茶"名头的也未必是白茶，比如著名的"安吉白茶"，其实是绿茶的一种；而奢侈品牌宝格丽（BVLGARI）的"白茶"，是她家一款著名的香水。

虽然白茶的制作工艺比绿茶还要天然质朴，但却不同于零发酵的绿茶，它是轻度发酵茶，甚至比黄茶的发酵度还要略高一点点，因此白茶的冲泡方式，和绿茶黄茶完全不同，反而有点像红茶甚至青茶、普洱。

我始终觉得，白茶是最温厚最"好脾气"的一种茶。投茶量只要大概合适就行，水温高低也不是特别讲究，除了头几泡控制一下出水时间之外，对冲泡技巧手法也没什么特别的要求，只要不特意去"造"，很难出现车祸现场。

冲泡白茶可以用盖碗也可以用茶壶，投茶量三五克到七八克甚至上十克都可以。而且如果觉得太淡，可以中途往壶中加茶叶，不会太影响冲泡；如果觉得太浓，还可以往茶汤里兑水，也不是很影响口感。

冲泡前同样要先把茶壶、茶滤、公道杯和茶杯用开水烫一遍，可以洗茶，也可以不洗。泡茶的水温在八九十度就可以了，即使不小心水温高了点低了点，也没有太大关系，出来的茶汤也不会太难喝，下一泡补救一下就好。若是银针、贡眉这样叶片比较幼细的白茶，即使水温低至六七十度，泡出来也还挺好喝的；若是白牡丹这样粗枝大叶的白茶或是饼茶，即使用刚烧开的滚水去泡，也不损伤味道。

如果不洗茶，第一泡的茶汤比较淡，所以 45 秒左右出水就好，第二泡则要快一点，30 秒以内出水；如果洗过茶，那么第一泡就在 30 秒内出水。之后每一泡延长 15 秒左右。

这些时间都仅供参考，白茶尤其随意，虽然头几泡的出水时间最好控制一下，但多几秒少几秒其实也没有关系，之后就更随意了，白茶非常耐泡，泡好后可以搁置很长时间，品饮时也可以随意兑水，很适合泡茶时容易走神的朋友们。

到了夏天，还可以用中药罐那样的大陶瓷罐子泡一大壶白茶，一家人喝一天。——这种泡法一般用白牡丹这样的大叶白茶或者饼茶，投茶量增加至 10 到 15 克，再往罐子里注满滚水，然后就不用管它，随时倒一杯出来喝就好。

白茶的冲泡次数也比较自由，一般可以到四五泡，多抢救出几泡来是经常的事，有的老白茶甚至能够泡出十几泡来。即使泡到完全没有茶味时，还可以把叶底倒出来再煮一煮，仍然能得到一道不错的煮茶。

白茶也十分适合煮饮，而且煮茶可以在任何阶段进行。可以等茶泡到完全没有味道时再煮，也可以在中间任何一泡时改为煮饮，还可以一开始就直接煮来喝。

如果是银针、贡眉，那么用壶煮或者钵煮都没问题；但如果是白牡丹这样叶片较大的白茶，建议用煮茶钵来煮。

冲泡的白茶有一种蒙茸的"毫香"和特别的清气，不管在什么样的温度下，都有一种凉凉的、静静的感觉，带着茶性中隐隐的寒意，但又是一种非常温润舒服的寒意，让人想把脸贴上去的感觉。

而煮饮的白茶则有异常丰富的香气和味道，如药香、枣香、麦香甚至烟香，暖意袭人，瞬间使人汗生两腋。即使是同一款茶，冲泡和烹煮也会呈现截然不同的风味和气息，十分神奇。

此外，白茶还有一个神奇之处。每当出现感冒征兆时，我就会赶紧浓浓地泡一壶老白茶，滚烫地喝下去，然后倒头就睡，十次中有八次能把我从感冒的边缘抢救回来。

难怪白茶素有"一年茶、三年药、七年宝"之说。《闽小记》中记载白茶"功同犀角"，是治疗小儿麻疹发热的"圣药"，并不夸张。

我总觉得，如果把绿茶比作茶中的"少年"，生机勃勃，活泼坦率，灵气十足；那么黄茶就是这个少年略略成长了一点，介于少年和青年之间，多了几分沉稳，却仍不失锐意与灵气。

而红茶则是茶中的"美少女"，刁蛮娇气，很有点公主脾气，不好伺候，但她若对你展露了笑颜与善意，真是无与伦比的美好可爱，而且不管怎么打扮搭配，都无损她的美丽。

那么白茶就是茶中的"精灵"了，它纯粹、自然，不谙世事，不受束缚和干扰，还有着某种魔法般的奇妙之处。老白茶则是这个精灵在时间的洗礼中成了老神仙般的存在，稳重、安详，而惠及众生。

最后，我们简单总结一下白茶冲泡的一般要点——

水：纯净水

水温：80℃～100℃

投茶量：3～10克

茶具：水壶、茶壶、茶滤、公道杯（或茶炉、煮茶壶／钵；或大陶瓷罐子）

冲泡方式：

1）滚水烫茶具；

2）取适量茶叶投入茶壶；

3）洗茶，用洗茶水再次烫洗茶具（此步骤可省略）；

4）茶壶注水后，通过茶滤将茶汤倒入公道杯中；

5）如果洗茶，则第一泡出水时间不超过 30 秒，之后每一泡增加 15 秒；如果没有洗茶，则第一泡出水时间为 45 秒，第二泡为 30 秒，之后每一泡增加 15 秒。通常白茶可以四五泡，但不妨一直泡到没有色香味为止；

6）泡过的叶底还可以煮饮。

或者——

1）取比泡茶量稍多的白茶投入煮茶壶或煮茶钵；

2）往茶壶或茶钵中加满温水或热水，置于茶炉上烹煮；

3）煮至茶汤沸腾后，即可离火品饮；

4）之后可不断续入滚水，持续品饮，亦可再次加水烹煮。

再或者——

1）取 10～15 克大叶白茶或贡饼投入大陶瓷罐；

2）往罐中注入 100℃的滚水至满；

3）随饮随取。

五、青茶＆普洱：时光与火焰的谜图

接下来，我们要进入茶的世界中一个诡谲莫测、歧路纵横的

区域：青茶、普洱，还包括黑茶。

因为它们的冲泡方式相似，所以我就放在一起说了。但这实在是无奈的权宜之计，这部分茶，种类繁多，细分琐碎，风貌变化万千，"十里不同俗"，又彼此交叉渗透，还有各种历史悠久的"边界争端"……如果不是其中的景色太过旖旎、气息太过魅惑、风味太过迷人，谁敢涉足其中。

但是一旦你踏了进去，就会发现，果然是"无限风光在险峰"。

在这片"险峰"中，我最先遇到的是铁观音。

作为青茶，即乌龙茶中最广为人知的一种，很小的时候我就听说铁观音的大名。那时父母偶尔会收到一两盒远方馈赠，但一律都当普通绿茶，滚水大茶缸地泡来喝了。感觉就是大碗茶的味道，完全没有传说中"高香摇荡"的滋味，还以为是"盛名之下，其实难副"。

直到很久之后，偶尔被朋友带着去喝茶，第一次遇到全套工夫茶具伺候，又冲又洗，又赏叶又闻香地折腾一番之后，我得到小小一杯茶。

隔了这么多年，我还能清楚地记得那小小的一杯，淡金色的清澈茶汤，甫一端起便有扑鼻而来的芬芳，以及入口时又鲜香又馥郁，又醇厚又甘洌的美妙滋味，还有若有若无却萦绕不去的一抹甜。我大惊失色："这是什么茶？"

答曰："铁观音。"

该怎么形容那一刻的心情呢，就像是言情小说里经常出现的白烂桥段：一直视若寻常的某个人，忽然以绝美之姿款款行来，惊艳之后，便是不可救药地迷恋。

我真正开始以茶客的自觉喝茶，就是从那一杯铁观音开始的。

从那一杯铁观音开始，我一点点置办起茶具，慢慢摸索着泡茶，渐渐学会以开放和包容的心态面对自己遇到的每一种茶，如果觉得不好喝，首先反省是不是自己没有泡好，再耐心地调试投茶量和水温、手法，直到它们一一展露出最美好迷人的一面。

越是发酵度高的茶，其冲泡过程越像是化学实验，一点点变量，就可能导致截然不同的结果。从进入这个区域开始，"泡茶"就成为一件需要集中注意力、认真对待的事情。

至少在从你拿起茶叶罐的那一刻起，到你捧起小小一杯送到嘴边之时，中间这个过程，每一个步骤环环相扣，不能快也不能慢，不能早也不能晚，不能着急也不能懈怠，顺其自然地一步步做下来，就一定会得到一杯好茶。

不管是泡青茶、普洱还是黑茶，我的经验是，按照正确的步骤，一步完了接着做下一步，不必刻意测量水温和计算时间，就把它当作一个完整的过程，顺顺当当做下来，保准没错。

首先，摆开茶具，水煮开，烫洗茶具，烫洗的过程是，先把滚水注入茶壶，然后通过茶滤倒入公道杯（如果像我一样用两个公道杯，就重复两次），再分别倒进各个茶杯，然后用各个茶杯里的茶把茶壶淋一通。

倒出壶中的残水（淋壶的过程中，可能有水通过壶盖上的气眼回流进壶中），投入茶叶。此类茶的投茶量一般是六克到八克，大致是壶底铺满并堆起一个小尖儿。其实每种茶，泡个一两次后，该放多少大致心里就有谱了，而且多一撮少一撮影响也不太大。

还有一些特制的乌龙茶或普洱，如橘普、柚普、蜜瓜乌龙等等，要把包裹茶叶的干果皮一起投入茶壶。

投茶之后要洗茶，重复第一步的做法，只不过这次倒来倒去的不是白水，而是洗茶的茶汤，最后仍然用茶汤把茶壶淋一遍，沥出壶中的残茶。

接着正式注水、泡茶，通过茶滤把茶汤倒入公道杯。——如果像我一样用两个公道杯，就直接壶嘴向下，把茶壶扣置在公道杯口，直到壶中茶汤全部倾入杯中。然后用茶滤把茶汤倒入另一个公道杯。

壶中的茶汤一定要倒干净，否则会影响下一泡的口感。这时用两个公道杯的好处就体现出来了，当你用一个公道杯一小杯一小杯地酌饮之时，可以把茶壶扣在另一个公道杯上，让壶中一时无法沥尽的茶汤继续沥出。

特别需要注意的是，以上步骤中的每一步都不要停顿，一步接一步，一气呵成。无须特意去掐算每个步骤的时间，只要是一步一步不停地做下来，时间就大致正好。

同时在这个过程中，也不必去特意测量水壶中的水温，更不必重复烧开水，只要是按部就班一气呵成做下来，水温也大致正好。

而一般电烧水壶的半壶水，正好可以用三道，一道烫杯，一道洗茶，一道冲泡，也恰好避免了重复煮水的尴尬。

之后每一泡都重新煮水，用刚煮开的水如法冲泡。头几泡要及时出水，滚水注入壶中，盖上壶盖，立刻就把壶嘴对准公道杯扣上去出茶汤。之后觉得茶汤味道开始变淡之时，可以稍微把出水时间十几秒十几秒地往后延长。但时间不可太长，要确保茶汤在"烫"这个维度，降维到了"热"，茶味就不对了，而到了"温"的程度，就无法入口了。

泡淡之后，熟普、黑茶和岩茶（"闽北乌龙"，或称"武夷岩茶"，常见的如大红袍、水仙、肉桂等），都还可以再放进煮茶壶里煮一道，而铁观音、枞茶、台湾乌龙等，则不可一言以蔽之，需要实际测试一下是否宜于煮饮，有时候煮出来妙不可言，有时候则难以下咽。

同样，一种茶能泡出几泡，也是只能从实践中出真知，最少如铁观音，三四泡就尽了，但有的老岩茶、陈年熟普，二三十泡犹有余香，十分神奇。

我总觉得，泡茶这件事儿遇到了这几种茶，开始渐渐臻于"化境"，在"不逾矩"的同时"随心所欲"：你要按照步骤来，行礼如仪，不可缺少某个步骤，也不可弄错了顺序；但与此同时，什么温度计、电子秤、秒表都可以扔开了，只要你顺着步骤不着急也不停滞地一一做来，也不必问它出自怎样的温度、多少时间，最后一定能得到一杯好茶。

而这一杯好茶，简直超越了人类对于"茶"这种饮品所能穷尽的想象。在这个领域中，不同的地域，不同的树种，不同的制法，不同的年份，不同的存储条件和时间，带来说不尽的奇妙味道和缤纷茶香，而且它还会在时间的长河中继续变幻千重万般的风味特色，你永远不知道边界和尽头在哪里。

每一个爱茶人，穷尽自己的一生，也不敢说知道了边界和尽头在哪里。

徜徉其间，同样需要一种"随缘"的化境之心，品饮这些茶的时候，既不要预设立场，也不要强求，这里的每一种味道，都是千锤百炼而又千变万化的结晶，但并不是宜于所有的人，宜于每一刻，是否相遇相知，缘浅缘深，有时候不得不相信天意和注定。

还有的时候，要留给时间去慢慢洗礼和改变。

年少的我，喜欢一切干净、清澈、透亮而张扬的味道，所以特别喜欢清香铁观音的高香远扬，却还不太能领略传统乌龙的内敛平稳、岩茶的棱角峥嵘、生普的斑驳锋锐、熟普的黏厚醇滑、黑茶的焦香和焙火铁观音的烟火气……但是到了现在，因为各种机缘，这些味道一一进入我的生活，有些消失了，更多的留了下来，慢慢浸润、沉淀，还有些甚至成为生命中不可或缺的一部分。从含混中品出了丰富，从凝滞中品出了厚重，从纷繁中品出了和谐，从生硬中品出了风骨……所以我经常把遇到的好茶与朋友们分享，但说得最多的却是：如果你不喜欢，没关系，也许它不适合你，也许缘分还没有到，我们随缘好了。

更妙的是一位老茶人的话，他曾给大家泡了一泡百年老茶神，然后说，这样的茶，喝到了，就珍惜，喝完了，就别再惦记了。

最后，我们简单总结一下青茶、普洱和黑茶冲泡的一般要点——

水：纯净水

水温：90℃左右

投茶量：6 ~ 8 克

茶具：水壶、茶壶、茶滤、公道杯、茶炉

冲泡方式：

1）滚水烫茶具；

2）取适量茶叶投入茶壶；

3）洗茶，用洗茶水再次烫洗茶具；

4）茶壶注水后，立刻通过茶滤将茶汤倒入公道杯中；

5）如是若干泡，直至茶汤味道开始变淡，则可适当延长出水时间。

六、藏茶篇：以岁月换你醇浓

接下来我们聊一聊藏茶的那些事儿。

自人们开始喝茶，藏茶就是个重要课题。《茶经》中没有专门的藏茶条目，但已提及将茶置于一种叫作"育"的竹编容器中，容器糊纸，有盖，下面安放一个承炭火的器具，平时不用明火，遇到梅雨季节，则把火点旺。——估计那时不像后世，少有大量藏茶，所以只要做好短期内的干燥工作就可以了。而饮茶前先"烤茶"，也是从这种习惯中来的。

这种习惯延续到宋代，但人们已经开始有"藏茶"的意识了，蔡襄在《茶录》中提到，"茶宜箬叶而畏香药，喜温燥而忌湿冷"，"箬叶"指的就是"箬竹叶"，经过蔡襄的点赞推荐，之后很长时间里它都是藏茶的首选辅材。但这时藏茶的方法还是和唐代一样，箬竹叶裹好之后，把茶放进茶焙中，隔三岔五用文火低温烤一烤，以免受潮。但也不可烤得太多，太多则茶"焦不可食"。

到了宋徽宗，嫌"数焙则面首干而香减"，于是建议每年焙一次，焙好之后以"用久竹漆器缄藏之"。为啥要"用久"的竹漆器呢？我估计用竹器是为了通透，但又不能有缝，所以要加漆，但新竹新漆都有味道，而且还可能没干透，所以要"用久"之器，足够干燥而味道散尽，方可藏茶。

估计也只有如宋徽宗这般爱茶又大量藏茶的人，才有需求琢磨出这种藏茶的法子吧。

到了明代，散茶开始盛行，藏茶的需求比饼茶更甚，这时人们开始探索新的藏茶方法。各家的说法大体相似，细节上略有不同。

大致是先要在清明节时就买箬竹叶，挑最青翠的，然后把它烤到极干备用，再买当年新出窑的宜兴大罂（"罂"是一种小口大腹的坛子），容积为十斤以上的，清洗干净，倒挂在炭火上，让它彻底干透。

新茶下来后，把箬竹叶用竹丝编起来，铺在罂底，再把茶铺进去，每铺一斤茶用二两的箬竹叶盖一层，如此把大罂装满（一般装六七层），最后用干燥的厚白纸封口，至少要封六七层纸，再用干燥的厚白木板，或者火中烤透的砖压在上面。

封好的茶要放在干净的房间里，置于高处，不要吹风，不要靠近火，"临风易冷，近火先黄"。平时不要打开，每次取茶要挑晴朗的天气，取出后装小罐，迅速把大罂封好如初。

每年夏至后的三天里，把茶取出，重新文火低温焙一次，并更换箬竹叶和厚白纸。

更讲究的还要做比藏茶的大罂更大的木桶，同样干透，然后木桶中填草木灰，把茶罂埋进草木灰中，压紧实，再盖好，每年换一次草木灰。

考虑到当时人们喝的多是绿茶，这种藏茶的办法虽然看上去精心又高级，但总让我觉得疑惑。

众所周知，绿茶最好是当年——即使是当年的，开袋时间一久，与空气接触时间略长，也会失去了那份生机勃勃的鲜意，喝起来总是不得劲。

就算用到上面的法子，别的茶藏出来是"陈韵"，绿茶藏出来就只是"陈茶"而已。除了一次少买点，买小包装的，好像还真没有什么特别好的建议了。

有一个流传颇广的办法，说是可以把绿茶密封起来放进冰箱冷冻室保存，鲜嫩如新。

如果是没开封的绿茶，用铁盒装好，再用保鲜膜裹得像木乃伊，放进存茶存化妆品专用的小冰箱，温度定在零下五度左右，也可勉强视为权宜之计。

但古人说茶"喜温燥而忌湿冷"，这话一点没错，即使是藏在冰箱里，也总有一种闷闷的寒意，并不能"鲜嫩如新"。

更别说如果没有专用小冰箱，而是在家用冰箱冷冻室里专辟一格的话，就真不知藏出什么味儿来了。

今天我们仍然用到与古人相似的藏茶办法，但主要是收藏红、黄、白、青、黑诸茶，以及普洱。

最常见的方法是用棉纸或竹纸把茶包好，放进洗净晾干的新的陶瓷坛子里，盖牢封好。然后放在阴凉通风的高处。

足够干燥的地区也可以用藤竹编的筐子，用牛皮纸铺好裹牢，再把茶装进去封好。太潮湿的地方则用铁皮罐或者锡罐。还有一种剑走偏锋的办法，用全新的暖水瓶装满茶，再塞紧木塞，盖好瓶盖。

红茶和黄茶一般只能保存两三年，但青茶、白茶、普洱、黑茶这些茶，理论上只要保存得当，可以一直存放下去。所以到今天，有缘的时候，我们还能喝到百年以上的"老茶神"，仍然气足神完，老而弥坚。

在存放过程中，茶叶会继续转化。即使是同一批茶，不同的存放环境，也会造就出不同的风味和口感。

所以藏茶并不是越密封越干燥越好，事实上，比起完全密封，用有透气感的容器对茶叶的后期转化更为有利；而比起常年干燥的地方，反而是四季如春，干湿适宜之处，更能藏出好茶。

而不管怎样，茶叶在时光中的慢慢转化，因其有所预期而不可捉摸，也就成为中国茶道中玄妙而迷人的一环。

七、冷泡茶及其他：璀璨茶香

有一段时间，我迷上了单品咖啡，千挑万选，反复比较权衡，最后入了一套"爱乐压"，就此走上了爱乐压萃取咖啡这条路，与其他手冲党和机器党们渐行渐远。

对于不熟悉咖啡的朋友们，有必要先介绍一下爱乐压，它是斯坦福大学一个研究机械工程的学霸老爷爷，有感于市面上的便携式咖啡机都不好用，自力更生地发明的一款便携咖啡"神器"。因为咱们这里并不是要说咖啡，所以关于它的工艺和细节就略过不谈。大家只要知道，它能够很轻易产生较大的压强，从而萃取出口感纯净的单品咖啡。

我要说的是，有一天我突发奇想，想试试用爱乐压来萃取茶汤。

经过认真思索，我决定先用一款白毫银针试一试，因为是一次性萃取，所以我用了六克茶，又因为它的压强比较大，所以我用了60℃的纯净水。

结果让我惊艳，萃取出来的茶汤莹润青绿，味道纯净甘甜，柔顺滑嫩，没有一丁点苦涩，而茶气十足。除了因为萃取过程中要用到过滤纸，所以少了点那种鲜锐的毫香，简直堪称完美。而且这种温度沏的绿茶难免有种森冷的寒气，用爱乐压萃取出来却没有这个问题，温度虽然不高，但还是满口甜融的暖香。

更让我惊喜的是，萃取过一道之后，我又抱着试一试的心态，暗搓搓地多萃取了一道，比上一道味道淡了很多，但是仍然甘美香醇。

《红楼梦》里形容好茶，用的是"轻浮无比"四个字。这么多年来，我心里一直梗着一个疑惑，"轻浮"是个什么好词儿吗？竟然还"无比"。

直到我喝了这杯"爱乐压白毫银针"，才忽然明白了"轻浮无比"是一种怎样美妙的茶感。这个"轻"字简直太妙了，真的是一种生命中可遇不可求的轻盈纯粹之"轻"。

还有，用爱乐压做茶之后的叶底，真是我见过的最美丽的叶底，娇嫩新鲜得仿佛重回枝头，于是我又因此而 get 到了欣赏叶底的美妙之处。

后来我又用爱乐压试了各种茶，发现只要是日常冲泡次数在四五次以下的茶，诸如绿茶、红茶、黄茶和一部分青茶，都有出色的表现，只要把投茶量增加一点，水温降低一点就可以。

这个"一点"是多少，纯粹自由心证，因为爱乐压也十分"宽容"，有相当的容错率。

用这种方式制作出来的茶汤，比冲泡的滋味更圆融醇厚，更甜，干净纯粹而温度不高，很适合用来制作各种茶味的饮品和甜品。

比如加入一点糖和吉利丁粉，放进冰箱冷藏，可以做成茶冻；打进奶油和牛奶，可以做成冰棒和冰激凌；直接加新鲜薄荷或者新鲜水果，可冻成茶味的冰块；再要么加入冰块，做成冰茶，往冰茶中加入蜂蜜、冰糖、水果、果酱等，又成了风味冰茶；还可以加酒，选甜度高的冰酒或利口酒，做成茶酒……为此我还专门买了一只做鸡尾酒的雪克杯来摇匀。

凡此种种，使得原来只有红茶能够 hold 住的各种做法，瞬间拓展出了许多茶品，那些原以为无论如何不能和茶搭配的东西，都搭配了起来，而且异彩纷呈，简直像是打开了新世界的大门。

发明爱乐压的老爷爷大概无论如何不会想到，他为心爱的咖啡发明的"神器"，却在遥远的地方赋予了中国茶前所未有的颜色、芬芳与味道。

更让我惊喜的是，后来我发现，用爱乐压萃取茶汤并不是我的"独创"，已经有不少茶艺师开始使用爱乐压，开发出了许多新品好茶，而且通过拼配或者研磨的办法，把之前我觉得不适合爱乐压的茶，也成功地加入了"爱乐压家族"。

甚至还有一位咖啡师朋友，把茶粉和咖啡粉混合起来，用爱乐压萃取，得到茶香四溢的咖啡，或者说咖啡香型的茶。

这难道不是一个好故事吗？如此具象地展示出文化的交融、自我丰富与发展，当中国茶遇到原本属于咖啡的爱乐压，居然是一场如此美妙的邂逅。

即使不用爱乐压萃取茶汤，同样可以用任何你喜欢的茶为基底，做出特调的茶饮，或是甜品来。这就要用到近年来新兴的一种泡茶方法：冷泡茶。

任何日常品饮冲泡次数四五次以下的茶，都可以制作冷泡茶，原则上茶叶越新鲜越好，越"生"越好。

冷泡茶的基本"茶水比"有一个分界线，低发酵度的茶，比如绿茶、黄茶和白茶，茶水比是1∶150，就是说每1克茶，兑150ml 的水；而高发酵度的茶，比如红茶和一部分青茶，茶水比为1∶80，即每克茶兑80ml 的水。

但这同样只是大概比例，多点少点没太大关系。如果泡浓了，兑上水或者冰块就是，对口感几乎没有影响。

具体做法是把茶叶装进一次性茶包，放入一个耐低温的容器中，再按照合适的茶水比，注入冷水或冰水。用茶包是因为冷泡茶一般不用茶滤，但直接泡散茶然后用茶滤滤出茶汤，也没有问题。

常温下放置两三个小时，取出茶包就可以饮用了，放入冰箱冷藏或者加冰块更好；还可以注水泡茶后直接放进冰箱，这样的话放一夜都可以。

我有时出差在外没带茶具，就用酒店送的瓶装水，直接把适量的茶叶从瓶口塞进去，放进冰箱，第二天早上就得到了一瓶元气满满的好茶。提醒注意的是，冷泡茶虽然好味，但是极寒，体质不宜冷食的朋友们慎饮。

冷泡茶做好后，就可以按照自己的喜好，加柠檬、蜂蜜或糖，加果酱或果汁，加牛奶或奶油，加苏打水或气泡水，加果味酒……也可以用来制作茶冻、茶冰，或者冰激凌。

甚至还可以不用水泡茶，直接用果汁、苏打水、碳酸饮料，甚至低度的口感清爽的酒来做冷泡茶。——这是冷泡比爱乐压更方便的地方，因为爱乐压要用到滤纸，而且压强比较大，只能用水，否则根本压不动。

冷泡茶甚至还可以直接用牛奶来泡茶，只是要先用正常水温泡茶，水量要少，淹没茶包就可以了。等水凉之后，再倒入冷牛奶，浸泡的时间比用水更长一点。

最后，我们简单总结一下冷泡茶制作的一般要点——

水：纯净水

水温：常温或冰水

投茶量：绿茶、白茶、黄茶的茶水比为 1∶150，

红茶和部分青茶的茶水比为 1∶80

茶具：电子秤、量杯、一次性茶袋、耐低温容器

制作方式：

1）称取茶叶，常温洗茶；

2）将茶叶装进一次性茶袋，放入耐低温容器中；

3）按照茶水比量取纯净水（如果加冰块，连冰块一起计算茶水比）；

4）将纯净水注入容器中并密封；

5）常温静置 2 ~ 3 小时，取出茶包，即可饮用，放入冰箱冷藏口味更佳（或直接放入冰箱，8 ~ 10 小时后取出茶包饮用）。

总觉得写到这里，传统的茶客要怒了，以上这些五花八门的茶饮，较之中国传统茶道，确实未免离经叛道。

但蔡襄写《茶录》，说陆羽的《茶经》"不第建安之品"；朱权作《茶谱》，立意"崇新改易，自成一家"……这种创新和"化用"，从古至今，就贯穿在茶的精神之中，也正是它的生命力、活力和魅力之所在。

所以我很愿意我这一本关于茶的小书，从往昔浩瀚的历史开始，从旧时光中的风雅、美好和博大精深开始，结束于这看似"离经叛道"的有些琐碎的内容。

若我这点微小的作为，能使一个爱茶人以新的视角和眼界，以更包容的心态和更快乐、更生活化的方式看待茶，感受茶，懂得茶，享受茶，那我就真的太开心了。

结语：多么幸运遇见你

那大概是我刚开始学着用全套家伙什儿泡茶的时候，有一次，我爹看着我泡茶，忽然说："这样看你泡茶，感觉很像你奶奶。"

奶奶在我十岁那年去世了，留在我记忆中的形象，无比熟悉亲切，但回想起来，却又有几分陌生。

直到今天，过去了三十年，闭上眼睛，我仿佛还能看见她瘦弱佝偻的身形、慈祥的笑容、清明和善的眼睛、梳得整整齐齐的发髻、眯起眼睛穿针的神态；仿佛还能听见她喊我的名字，讲故事时的轻声细语、半夜时怕吵到我压抑着的咳嗽；仿佛还能闻到她身上混合着中药味道、水烟味道和淡淡樟脑香的气息……但是我从来不知道，奶奶喜欢喝茶。

同样，在奶奶去世后的很多年里，我才渐渐从长辈那儿，一点点拼凑出她一生的故事。

奶奶是童养媳，父母双亡，公公婆婆也早早去世。爷爷很年轻的时候就得了重病，在我爹只有四岁时他也去世了。奶奶独自把四个孩子拉扯大，家中真的是一贫如洗。尽管如此，奶奶仍然竭尽全力供我爹和他的兄弟姐妹念书，且无论是怎样的艰难，也努力要"活出人样"。

我爹回忆说，他小时候，尽管家里破破烂烂、四面漏风，但奶奶总是把家里擦洗得干干净净，以至于他有时候从外面回家，不舍得把沾着泥的脚踩进家门；尽管常常吃了上顿没下顿，但厨房里永远一尘不染，所以他常常惊讶别人家的厨房为何会那么脏。

而且奶奶性情和善宽厚，又心灵手巧，她会裁衣裳、会绣花、会做菜、会收拾屋子，虽然不识字，但记性极好，有条不紊、清楚明白。渐渐地，四邻八村的人们有事时总愿意请奶奶帮忙拟菜单、布置屋子、收拾东西、安排流程……尽管身体孱弱，她也独自支撑起了一个家，并一点点地改善着家境。

到后来，只要是镇上乡里的干部到村里，村里都会安排到我们家搭伙，因为奶奶把房子收拾得极干净，饭菜做得很可口，孩子们也都懂事知礼，很给村里长脸。也正因如此，我爹兄弟姐妹四人，上学、招工、参军，总能得到机遇与照顾。就这样，孤苦伶仃、没有任何资源与背景的奶奶，用她的聪明、勤劳、整饬和善良，为她的孩子们铺平了人生道路。

这真是我生平最早接触到的，"生活方式改变命运"的故事。

是的，"生活方式"，尽管也许终她一生，奶奶也不曾听说这个词，但她把屋子擦洗得干干净净，把厨房收拾得一尘不染，把饭菜料理得整洁可口，让孩子们读书上进……这是真正在逆境和困窘中仍有所坚持的有尊严的生活方式。

还有，在我爹的回忆中，一天的劳作后，奶奶喜欢坐在院子里，给自己泡一壶茶。

"也是这样的小壶，当然没你的这么好看，洗得干干净净，也像你这样，泡茶前先用开水把壶和杯子都烫一遍……茶叶？都是别人送的，我们那里的规矩，帮人操持事情，谢礼里要有一包茶。当然不是什么好茶，但是你奶奶喜欢……茶壶茶杯都不让我们碰，只有那一套，她是真的怕摔碎了。墙上高高地挖一个洞，平时就把茶壶茶杯放在洞里……"

在我的记忆中，奶奶大概是身体不好的缘故，并不喝茶，反而有时会抽一袋水烟。但是从我爹的描述中，我仿佛又能看见年轻时的奶奶，背负着生活的重担，饱尝贫苦的滋味，却仍坚持为自己保留一点点属于茶的时间，一点点微末而珍贵的乐趣。

也许就是那偶尔一壶茶的滋味，让她从未失去对美好生活的向往和追求；也许就是那偶尔与茶相伴的轻松时光，让她始终对未来抱持着一份信心。而正是这样的向往、追求和信心，使她一步步走出困境，最终得到了幸福的晚年。

所以，每当我尝到一泡好茶，就会想起奶奶。我是多么希望能够穿越时光，回到过去，在她最艰难疲惫的时刻，请她坐在我身边，为她泡一道好茶；多么希望能够好好地拥抱她、谢谢她。

告诉她因为她的坚韧与执着，因为她的善良和付出，因为她对生活的热爱和信心，因为她吃过的那些苦、挣扎过的那些坎、走过的那些困境，也因为她从未被它们打败，从未失去心中那份对美好的热忱与执着，才使得今天的我，能够坐在属于自己的温暖舒适的小窝里，随心所欲地看书码字，收集所有我喜爱的小玩意儿，去所有我想去的地方，尽情地过自己想过的生活……还有，喝到了许多很好很好的茶。

这是多么幸运的事，我有这样一个奶奶；这是多么幸运的事，在她的生命中有茶相伴。

而这样的故事，在我们这个民族的历史中，想必曾一次又一次地上演，想必曾有无数像奶奶一样最平凡不过的人，咬紧牙关，脚踏实地，竭尽智慧、忍耐、温柔与善良，度过艰苦的一生。

而我又是多么希望，所有这样平凡、艰苦而又伟大的一生中，都曾有茶，以及像茶一样细小的快乐与慰藉、幽微的美好与芬芳，相伴始终。

这是多么幸运的事，我生于一个茶的国度；这是多么幸运的事，我的生命中有茶相伴。

而我又是多么希望，在你的生命中，在我们每一个人的生命中，都有这样的美好与芬芳。

半枝半影

二〇一七年七月于北京